ZIRAN BAIKE QUANSHU

自然百科全书

才 林◎主编

江西美术出版社
全国百佳出版单位

图书在版编目（CIP）数据

自然百科全书 / 才林主编 . — 南昌：江西美术出版社，2017.1（2021.11 重印）
（学生课外必读书系）
ISBN 978-7-5480-4938-8

Ⅰ .①自… Ⅱ .①才… Ⅲ .①自然科学—少儿读物 Ⅳ .① N49

中国版本图书馆 CIP 数据核字（2016）第 258372 号

出 品 人：汤　华	**江西美术出版社邮购部**
责任编辑：刘　芳　廖　静　陈　军　刘霄汉	联系人：熊　妮
责任印刷：谭　勋	电话：0791-86565703
书籍设计：韩　立　潘　松	QQ：3281768056

学生课外必读书系

自然百科全书　　才林　主编
出版：江西美术出版社
社址：南昌市子安路66号
邮编：330025
电话：0791-86566274
发行：010-58815874
印刷：北京市松源印刷有限公司
版次：2017年1月第1版　　2021年11月第2版
印次：2021年11月第2次印刷
开本：680mm×930mm　　1/16
印张：10
ISBN　978-7-5480-4938-8
定价：29.80元

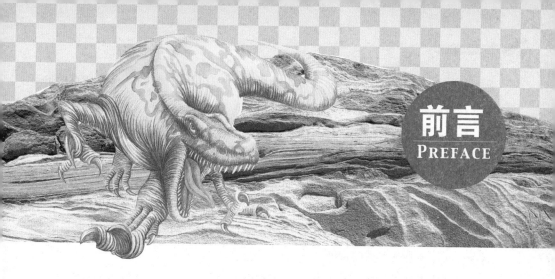

　　不论是日月星辰、山川树木，还是风云雷电、虫鱼鸟兽，都是大自然创造的神奇产物。大自然用它灵巧的双手对自然界进行精雕细刻，留下了一个个令人叹为观止的传奇！地球是怎样形成的？大陆和大洋的格局是一成不变的吗？生命是如何起源的？为什么有些生物甚至能在极地和沙漠这种极端恶劣的环境中生存下来呢……自然界以其永恒的神秘魅力吸引着人们的好奇心，从茹毛饮血的远古洪荒到地球日渐变小的今天，人类从来没有停止过探索的脚步。

　　生命自出现以来，就在大自然中不断地生息繁衍，从结构最简单的病毒到结构极复杂的陆地动物，从低矮的苔藓到高达百米以上的北美海滨红杉，从只有百十微米大小的原生动物到体重达 190 吨的蓝鲸……自然界呈现出的不可思议的生物多样性以及生物之间、生物与环境之间复杂而又紧密的联系，都使得我们这个星球色彩斑斓而又生机盎然。探寻大自然的奇趣与奥秘，不仅可以加深孩子对大自然的认识，还可以陶冶情操，激发他们的想象力，从而使孩子更加热爱自然并自觉地保护自然。为此，我们特编写了这本《自然百科全书》以献给广大小朋友。

　　运动不息的地球、不断扩张的海洋、火山造就的形形色色地貌、美丽而严酷的极地、天气与气候的由来、生生不息的生命家园……本书从神秘宇宙、地球家园、气象万千、植物王国等方面，栩栩如生地向孩子展示了自然世界中的各种美妙事物：缤纷的四季景象、百变的天气、波澜壮阔的大地景物、神秘的远方世界……书中融合了中外自然科学各个领域研究的智慧结晶，以人类对自

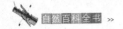

然界的探索精神和人文关怀贯穿其中，为孩子展示了一幅幅丰富多彩的自然世界的神奇画面，是一本融科学性、知识性、趣味性为一体的科学普及读物。

全书体例清晰、结构严谨、内容全面，语言风格清新凝练，措辞严谨又不失生动幽默，让孩子在充满愉悦的阅读情境中对全书内容有更深的体悟。同时，书中还配有大量精美的彩色照片、插图，结合简洁流畅的文字，将自然的风貌演绎得真实而鲜活，让孩子不用费多大力气，就能学到不少有趣又有用的知识。同时，本书还穿插了精心设计的"知识小链接"等相关栏目，使小朋友能更全面、深入、立体地感受自然的奇趣。

在科技高度发达的现代社会，人类在改造自然的同时，也损害了自然。自然已向人类发出了警示：土地的沙漠化、生态平衡受到破坏、环境污染加剧……因此，保护环境与可持续发展已成为人类文明得以延续的必然选择。相信读完本书，小朋友将会更加了解自然界的奥妙所在，深切体会到大自然的神奇与生命的伟大，最终体悟到与自然和谐相处的益处。

目录
CONTENTS

第一章
神秘宇宙

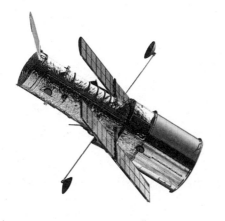

第二章
地球家园

第三章
气象万千

第四章
动物世界

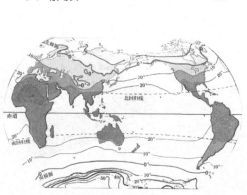

第五章
植物王国

Part 1

神秘宇宙

宇宙的历史

关于宇宙的历史真相，现在还没有定论，有的只是科学家根据各种理论提出的设想。不过，这些设想都有科学依据，能够帮助我们来认识宇宙。

宇宙的起源

关于宇宙的起源，大多数天文学家认为，在160亿年—80亿年之前，所有的物质和能量，甚至太空本身，全都集中在同一地点。当时可能发生了一次大爆炸，几分钟内，宇宙的基本物质，如氢和氦，开始出现，这些气体聚集成巨大的天体——星系。

宇宙大爆炸理论是由美国科学家伽莫夫等人于20世纪40年代提出的，得到了众多宇宙学研究者的赞同，成为当今最有影响力的宇宙起源学说。

知识小链接

乔治·伽莫夫

　　美国核物理学家、宇宙学家。他生于俄国，在列宁格勒大学毕业后，曾前往欧洲数所大学任教。1934 年移居美国，以倡导宇宙起源于"大爆炸"的理论闻名。

宇宙的年龄

　　所谓"宇宙的年龄"，就是宇宙诞生至今的时间。美国天文学家哈勃发现：宇宙自诞生以来一直在急剧膨胀着，这就使天体间都在相互退行，并且其退行的速度与距离的比值是一个常数。这个比例常数就叫"哈勃常数"，只要我们测出了天体的退行速度和距离，就测出了哈勃常数，也就能够推算宇宙的年龄了。

　　可是，不同的天文学家得出的宇宙年龄却相差甚远，大致在 100 亿年—200 亿年的范围内，众说不一。一般认为宇宙的年龄大约为 150 亿年。

银河系

YINHEXI

我们看到的银河是银河系中的一部分。银河系是群星荟萃之地，其中包括无以计数的恒星。银河系是宇宙众多星系中的一个

🪐 银河系的大小

银河系比太阳系大得多，它里面的恒星数目多达千亿颗，太阳也在其中，而太阳只是银河系中一颗微不足道的恒星。银河系是一个中间厚、边缘薄的扁平盘状体，银盘的直径约8万光年，中央厚约1万光年。太阳系居于银河系边缘，距银河系中心约3万光年。

银河系侧视图

银河系俯视图

银河系中有多少星球能生存生命

　　银河系中有许多星球，其中到底有多少能生存生命呢？我们一起分析下：
能生存生命的星球寿命要长，足以使生物进化；温度范围也要相当广；附近要
有一个类似太阳的黄色、至少是橙色的星，其周围要有约 10 颗行星，其中 3
颗还要在适当的范围内，还要有水和空气……

　　尽管如此，我们计算一下，也会有不少吧。

星系

XINGXI

星系又被称为恒星系，是宇宙中庞大的星星的"岛屿"，也是宇宙中最美丽的天体系统。从 20 世纪初以来，天文学家在宇宙中发现了约 10 亿个星系。星系是由无数颗恒星和星际物质构成的庞大的天体系统，在宇宙空间中弥漫着。

星系的产生

关于星系的产生，一种学说认为，星系是在宇宙大爆炸中形成的；而另一种学说认为，星系是由宇宙中的微尘形成的。

不规则星系

外形不规则，没有明显的核和旋臂，没有盘状对称结构或者看不出有旋转对称性的星系被称为不规则星系。

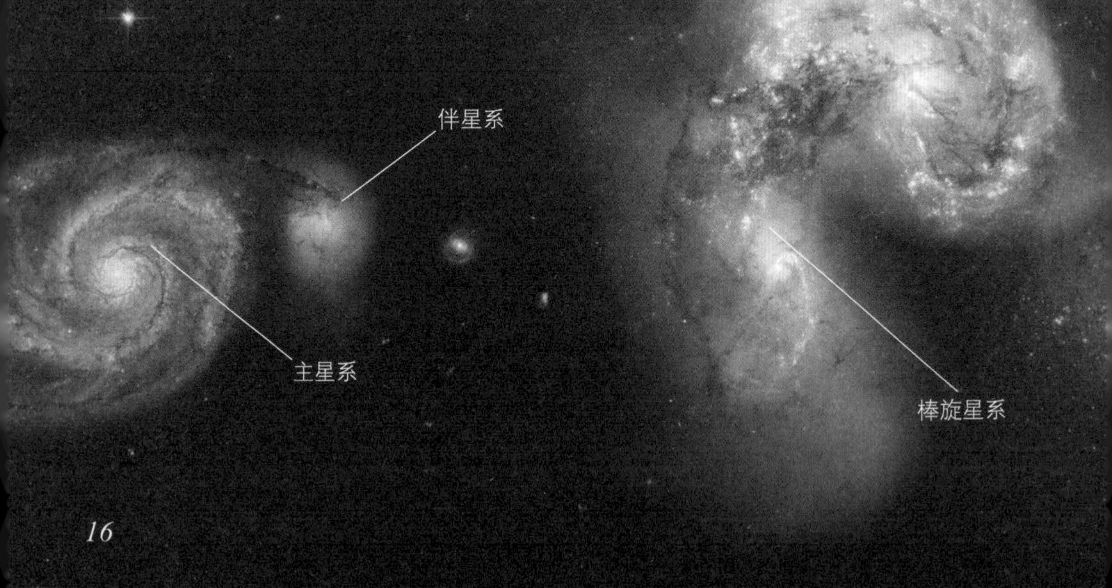

伴星系

主星系

棒旋星系

星团

XINGTUAN

星团是指恒星数目超过 10 颗以上，并且相互之间存在引力作用的星群。星团按形态和成员星的数量等特征分为两类：疏散星团和球状星团。

疏散星团

由十几颗到几千颗恒星组成的、结构松散、形状不规则的星团被称为疏散星团。在银河系中，它们主要分布在银道面，被叫作银河星团，主要由蓝巨星组成，例如昴宿星团（又名昴星团）。

疏散星团的直径大多数在 3 至 30 多光年范围内，有些疏散星团很年轻，与星云在一起（例如昴星团），有的甚至还在形成恒星。

璀璨的杜鹃座球状星团

球状星团

由几万颗到上百万颗恒星组成、整体像球形、中心密集的星团被称为球状星团。球状星团呈球形或扁球形，与疏散星团相比，它们是紧密的恒星集团。这类星团包含大量恒星，成员星的平均质量比太阳略小。用望远镜观测，在星团的中央，恒星非常密集，不能将它们分开。

移动星团

有些银河星团的成员星自行速度和方向很相近，有从一个辐射点分散开来或向一个会聚点会集的倾向。这种可定出辐射点或会聚点的星团被称为移动星团。移动星团是疏散星团的一类。如：大熊星团。

恒星爆炸

恒星

HENGXING

恒星是指自己会发光，且位置相对稳定的星体，是宇宙中最基本的成员。古人以为恒星的相对位置是不变的，其实，恒星不但自转，而且都以各自的速度在飞奔，只是由于相距太远，人们不易觉察而已。

恒星的成分

恒星是由大团尘埃和气体组成的星云凝聚收缩而成的，其主要成分是氢，其次是氦。在恒星内部，每时每刻都有许多"氢弹"在爆炸，使恒星像一个炽热的气体大火球，长期不断地发光发热，并且，越往内部，温度越高。恒星表面的温度决定了恒星的颜色。

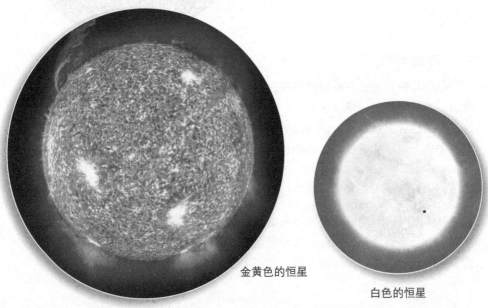

金黄色的恒星

白色的恒星

恒星的灭亡

我们以太阳为例来说明。现在太阳的年龄约为46亿年,估计还能稳定地燃烧50亿年,而后太阳可能会突然膨胀起来,变成一个大火球,所有生命都将毁灭。这时太阳进入晚年阶段,逐渐变成巨星、超巨星。

超巨星时而膨胀,时而收缩,当内部燃料耗尽时将会爆炸。于是,一颗本来很暗的恒星,会突然成为异常耀眼的超新星。

超新星爆发后,恒星彻底解体,大部分物质化为云烟和碎片,剩下的部分迅速收缩为中子星、白矮星或黑洞。白矮星在收缩过程中,释放出大量能量而白热化,发出白光,然后逐渐冷却、变暗,最终变成体积更小、密度更大、完全不能发光的黑矮星。

知识小链接

黑矮星

黑矮星是中小质量恒星演化的最后期,大约1个太阳质量恒星演化的终极产物。它由低温简并电子气体组成,由于整个星体处于最低的能态,因此无法再产生能量辐射了。

太阳系
TAIYANGXI

太阳系是由太阳、八大行星及其卫星、小行星、彗星、流星等构成的天体系统。太阳是太阳系的中心，小行星是太阳系小天体中最主要的成员。

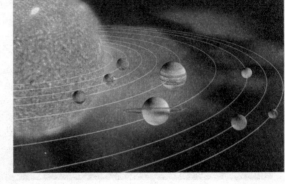

星云说

星云说是关于太阳系起源于原始星云的各种假说的总称。假说主要分两种，一种认为天体都产生于同一星云，而且是同时产生的，这叫"共同形成说"；另一种认为太阳先由一团星云生成，然后通过俘获周围弥漫的物质形成行星云，继而行星、卫星等其他天体才产生，这叫"俘获说"。

太阳系的形成

根据"星云说"的"共同形成说"，太阳系具体形成过程如下：

1.气体与尘埃的云团在引力的作用下，收缩成圆盘形的云，并开始慢慢地旋转。

2.尘埃相互粘在一起，体积变大，沉淀于气体圆盘的中心，形成了薄薄的尘埃圆盘。

3.气体圆盘破裂，形成了无数类似小行星的物体，在其中心部分产生了"星体"类的物体。

4.闪闪发光的中心部分变成太阳，周围物质变成行星、彗星、卫星等。

5."星体"类物质逐步收缩而开始发光，类似小行星的物质在其周围旋转、碰撞，吸引住附近的物质，越变越大。

知识小链接

为什么星星多是圆的？

如果不受外力的作用，一切物体在万有引力的作用下都有向中心聚集的趋势。最集中的结果就是圆球形。星星虽然表面上是固体的，但是固体也是有变形性的，并且固体碎颗粒是可以移动的，这些都使星星向球形转变成为可能。

行星

XINGXING

行星通常指自身不发光、环绕着恒星运动的天体。其公转方向常与所绕恒星的自转方向相同。一般来说，行星需具有一定质量，行星质量足够大且近似于圆球状，自身不能像恒星那样发生核聚变反应。

小行星

小行星是太阳系内类似行星环绕太阳运动，但体积和质量比行星小得多的天体。它们大都是不规则的形状，主要原因有两个：第一，引力不够，无法让它们成为球体；第二，小行星没有正规轨道，它的移动可能会造成撞击。比较著名的小行星有谷神星、婚神星、爱神星、智神星、灶神星等。

知识小链接

被开除行星"星籍"的冥王星

冥王星是 1930 年由美国天文学家董波发现的。国际天文联合会于 2006 年 8 月 24 日投票决定，不再将冥王星看作大行星，而将其列入"矮行星"的行列。因为新的大行星定义要求行星轨道附近不能有其他小天体。冥王星的轨道与海王星重叠，因此，根据新的定义，它只能算是一个矮行星。

太阳
TAIYANG

太阳是太阳系的中心天体，是距离地球最近的一颗恒星。

太阳的概说

太阳的质量约为地球的33万倍，体积约为地球的130万倍，直径约为地球的109倍。但在恒星的世界里，太阳其实很普通。

太阳是一个炽热的气体球，表面温度约6000℃，内部温度约1500万℃。其主要成分是氢和氦（氢约占总质量的71%，氦约占27%），还有少量碳、氧、氮、铁、硅、镁、硫等。太阳内部从里向外，由核反应区、辐射区和对流区三个层次组成。太阳表层被习惯性称为"太阳大气层"，由里向外，它又分为光球、色球和日冕三层。

太阳也自转，自转周期在日面赤道带约为25天，越靠近两极越长，在两极区约为35天。

太阳黑子

太阳黑子（sunspot）是在太阳的光球层上出现的暗斑点，太阳黑子的出现是太阳活动中最基本、最明显的。一般认为，太阳黑子实际上是太阳表面一种炽热气体的巨大旋涡，温度为3000℃—4500℃。因为其温度比太阳的光球层表面温度要低1000℃—2000℃（光球层表面温度约为6000℃），所以看上去像一些深暗色的斑点。

太阳的结构

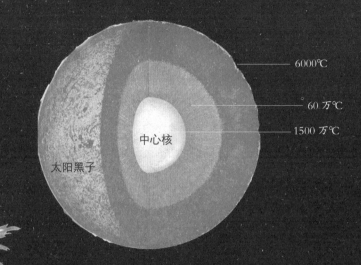

6000℃

60 万℃

1500 万℃

中心核

太阳黑子

太阳系八大行星

太阳系中有八大行星，它们是：表面凹凸不平的水星，明亮美丽的金星，人类的家园——地球，太空中的"地球"——火星，体形最大的木星，身着彩环的土星，躺着自转的天王星，"算"出来的海王星。其中，水星、金星、地球、火星是类地行星，其他几个是类木行星。

类地行星是以硅酸盐石作为主要成分的行星，它们的表面一般都有峡谷、陨石坑、山和火山。

类木行星主要是由氢、氦和冰等组成，不一定有固体的表面。

23

月球

YUEQIU

月球，又名月亮，是环绕地球运行的唯一一颗天然卫星，也是离地球最近的天体（与地球之间的距离大约是 384402 千米）

月球

月球的概况

月球的年龄大约有 46 亿年，直径约为地球的 1/4，体积只有地球的 1/49，质量约为地球的 1/81.3，月球表面的重力约是地球重力的 1/6。月球是人类迄今为止唯一登上过的天体。

苏东坡的《水调歌头·明月几时有》中有一句："人有悲欢离合，月有阴晴圆缺。"为什么说"月有阴晴圆缺"呢？

如果你回答说是因为月亮的形状发生了改变，那就大错特错了。事实上，月亮的圆缺变化是由于太阳、月亮和地球之间的相对位置发生变化所形成的。当月亮处在地球和太阳中心的时候，我们就看不到月亮，此时被称之为新月；接下来，月亮沿着它的轨道慢慢地转过来，我们就会看到弯弯的月牙；等到月亮变成一半的时候，就出现了上弦月；随着月亮的逐渐长胖，我们就看到了满月；满月只可维持一两天，然后就又开始变瘦；剩下一半的时候，即是下弦月；随着月亮越来越瘦，又变成了弯弯的月牙，然后消失不见了，此时的月亮被称之为残月。残月过后，就又会开始新一轮的变化，所以我们看到的月亮是每天都在变化着的。

知识小链接

月球上为何没有空气？

月球上之所以没有空气是因为它的重力太小。因为重力的作用，你站在地面向上投掷东西，东西很快就会落回地面上。投掷的速度越快，力量越大，东西飞得就越高。由于月球重力极小，所以，在月球刚刚诞生的时候，即使从岩石缝里渗出了一些空气，这些空气也早就跑光了。

人类首次登月的发现

1969年7月20日，美国"阿波罗"11号宇宙飞船在月球表面着陆，阿姆斯特朗首先踏上月球。宇航员发现，由于月球上没有大气，所以仰望太阳时，比在地球上看它明亮几百倍。由于没有大气的散射光，即使在白天，月球的天空也是漆黑一片，繁星既明亮又不闪烁，极其美丽。因为月球上没有能调节气温的大气和海洋，昼夜温度变化极大。在月球赤道处，中午气温高达127℃，黎明前则下降到 –183℃。不过，在月面下1米深处，温度几乎稳定在零下几摄氏度。将来人类要到月球上居住，只要挖个不太深的洞穴，就能免受温差剧变之苦了。月球没有磁场，无法靠指南针辨别方向。好在月球上昼夜繁星闪烁，完全能靠星座来确定方向和位置。

登陆月球

日食和月食
RISHI HE YUESHI

日食、月食发生在太阳、月亮和地球处于同一直线上时。

日食概念图

日食、月食的概念

当月亮位于太阳和地球之间时，月亮就会遮住太阳，这时太阳看上去就像缺了一部分，从而形成日食。当地球行至太阳与月亮之间时，月亮则进入地球的阴影之中，黯然失色，就出现了月食。日食主要分为全食、偏食、环食，月食主要分为全食、偏食。

日环食

发生时间

月食都发生在农历十五或十五日以后一两天。月食是月球进入地球阴影之中的一种现象，此时处于夜晚之中的地区都可以看到它。日食是地球位于月球阴影中的现象，由于月球阴影较小，可以观察到日食的地域很狭窄，所以日食的时间也很短暂。

日全食

金星
JINXING

金星有很多名字：启明星、长庚星等。它是肉眼能看到的天空中除太阳和月亮以外最亮的星体，所以又叫"太白金星"

金星的概说

金星的体积、质量都和地球相近。它也有大气层，靠反射太阳光发亮。金星的大气中有一层又热又浓又厚的硫酸雨滴和硫酸雾云层。大气的主要成分是二氧化碳，占97%。金星表面的大气压力为90个标准大气压，相当于地球上海洋1千米深处的压力。金星地面温度约480℃。

探测器拍摄的金星照片

形体特征

金星是一颗类地行星，因为其质量与地球类似，有时也被人们叫作地球的"姐妹星"。金星也是太阳系中唯一一颗没有磁场的行星。

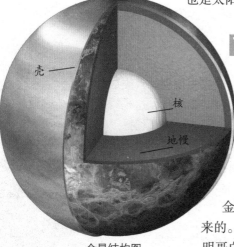

壳

核

地幔

金星结构图

公转和自转

金星绕太阳公转1周的时间相当于地球上的225天，自转周期为243天。

金星的位相变化

金星同月球一样，也具有周期性的圆缺变化（位相变化）。但是由于金星距离地球太远，所以肉眼是无法看出来的。金星的位相变化，曾经被伽利略当作证明哥白尼的日心说的有力证据。

水星
SHUIXING

水星是距太阳最近的行星，也是八大行星中最小的行星，但仍比月球大约 1/3。水星是太阳系中运动最快的行星，它绕太阳 1 周的周期为 88 天。

表面温差大

由于距离太阳近，所以在水星上看到的太阳的大小，是地球上看到的 2—3 倍，光线也增强 10 倍左右。水星向着太阳的一面温度可达 400℃。由于水星引力小，表面温度高，很难保持住大气，缺乏大气致使背向太阳的一面温度可降至 -160℃。

水星表面坑洼洼

表面坑洼多

水星常与接近太阳的陨星及来自太阳的微粒相撞，所以表面粗糙不堪。水星只能于傍晚或黎明在稍有亮度的低空才能看到，在大城市则很难看见。

未来人类居住地

在水星南北极的环形山是一个很有可能成为地球外人类居住地的地方，因为那里的温度常年恒定（大约 -200℃）。这是因为水星微弱的轴倾斜以及基本没有大气，所以有日光照射的部分的热量很难传递至此，即使水星两极较为浅的环形山底部也总是黑暗的。适当的人类活动能将之加热以达到一个令人舒适的温度，周围相比大部分的区域来说较低的环境温度能使散失的热量更易处理。

美国"水手"10号宇宙探测器拍摄的水星照片，其表面有环形山，与月面相似。

火星
HUOXING

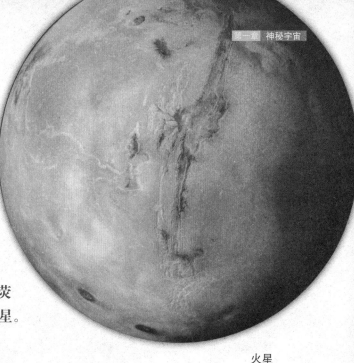

火星

火星是地球的近邻。用肉眼观察，它的外表荧荧如火，亮度、位置常变化，因此我国古代称它为"荧惑"，认为它是不吉利的星。

壳
慢
核

火星结构图

火星的概说

　　火星上也有四季及白天黑夜的更替变化；它的自转周期与地球相近，为24时37分；在火星上看到的太阳也是东升西落的。但是，火星公转1年的时间相当于地球上的687天。火星白天最高温度可达28℃，而夜间可降到–132℃左右。它的直径约为地球的半径那么长，体积只有地球的15%，质量也只有地球的11%。

火星的地形特征

　　火星基本上是沙漠行星，地表沙丘、砾石遍布，沙尘悬浮其中，每年常有沙尘暴发生。与地球相比，火星地质活动不活跃，地表地貌大部分是远古较活跃的时期形成的，有密布的陨石坑、火山与峡谷。另一个独特的地形特征是南北半球的明显差别：南方是古老、充满陨石坑的高地，北方则是较年轻的平原。

木星
MUXING

木星是太阳系八大行星中最大的一个，它能装下1300多个地球，太阳系里所有的行星、卫星、小行星等大大小小天体加在一起，也没有木星的分量重。

🔭 木星的概说

木星自转一周为9时50分，是八大行星中自转最快的。它呈明显的扁球状，其赤道附近有一条条明暗相间的条纹，呈黄绿色和红褐色，那就是木星大气中的云带。云带把木星紧紧地裹住，使我们无法直接看到它的表面。

木星大红斑

🪐 木星的大气层

由于木星快速的自转，木星的大气显得非常"焦躁不安"。木星的大气非常复杂多变，木星云层的图案每时每刻都在变化。我们在木星表面可以看到大大小小的风暴。其中最著名的风暴是"大红斑"。这个巨大的风暴已经在木星大气层中存在了几百年。大红斑有 3 个地球那么大。其外围的云系每 4—6 天即运动一周。风暴中央的云系运动速度稍慢且方向不定。

木星的卫星

木星是人类迄今为止发现的天然卫星最多的行星，目前已发现 60 多颗卫星。其中有 4 个主要卫星是在 1610 年由伽利略发现的，合称伽利略卫星。卫星中体积最大的木卫三的直径甚至大于水星的直径。

木卫三

木星

木卫一

木卫二

土星
TUXING

土星设计图

土星是体积仅次于木星的第二大行星，也有很多天然卫星，其最大特征是拥有一个巨大的光环。

🌑 土星概说

土星的公转周期为29.46年，自转周期很短，为10时14分。土星的外表呈椭圆形，与木星相比显得更扁。土星表面的条纹与木星相似，是由土星外侧的大气及云层形成的。通过观测得知，其大气主要由氢、氦、水、甲烷等气体及结晶构成。表面最高温度约为 −150℃。

🌑 土星的结构

现在认为，土星形成时，起先是土物质和冰物质聚积，继之是气体积聚，因此土星有一个直径2万千米的岩石核心。这个核占土星质量的10%—20%，核外包围着5000千米厚的冰壳，再外面是8000千米厚的金属氢层，金属氢之外是一个广延的分子氢层。

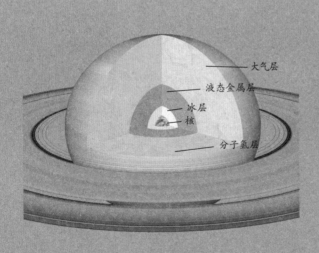

大气层
液态金属层
冰层
核
分子氢层

土星环

　　1610 年，意大利天文学家伽利略观测到在土星的球状本体旁有奇怪的附属物。1659 年，荷兰学者惠更斯证实这是离开本体的光环。1675 年意大利天文学家卡西尼发现土星光环中间有一条暗缝（后称卡西尼环缝），他还猜测光环是由无数小颗粒构成，两个多世纪后的分光观测证实了他的猜测。但在这 200 多年间，土星环通常被看作是一个或几个扁平的固体物质盘。直到 1856 年，英国物理学家麦克斯韦从理论上论证了土星环是无数个小卫星在土星赤道面上绕土星旋转的物质系统。

知识小链接

土星的光环是由什么构成的？

　　土星的光环如果静止不动，就会被巨大的吸引力吸引而即刻脱落，只有旋转着才能保持平衡。光环是由一个个固体颗粒组成的，无数个固体小颗粒不断围着土星旋转，越靠中心部位，转速越快。人类通过日光反射、利用红外线等可看到光环。形成光环的颗粒，有的如沙子，有的像岩石，颗粒表面都覆盖着一层冰。

土星光环切面

天王星
TIANWANGXING

天王星也是一个大行星，直径是地球的约4倍，体积是地球的60多倍。

天王星概说

天王星绕太阳公转1周为84.01年。天王星距离太阳的平均距离约为28.69亿千米，约等于地球与太阳距离的19倍。由于距离太阳十分遥远，所以它从太阳处得到的热量极其微弱。据测算，天王星的表面温度约为–180℃。

自转的特点

天王星的自转周期为23.9小时，但它的自转运动非常奇特，如果把它的自转轴看作它的"躯干"，那么它不是立着自转，而是躺着自转的。

天王星

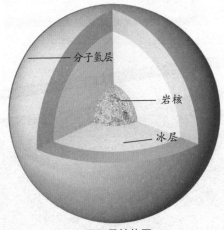

分子氢层

岩核

冰层

天王星结构图

天王星的卫星

目前已知天王星有20多颗天然卫星，这些卫星的名称都出自莎士比亚和蒲伯的剧作。5颗主要卫星的名称是米兰达、艾瑞尔、乌姆柏里厄尔、泰坦尼亚和欧贝隆。

海王星

HAIWANGXING

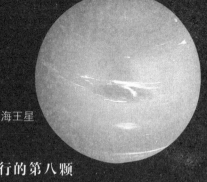

海王星

分子氢层

核

冰层

海王星结构图

海王星是环绕太阳运行的第八颗行星，是围绕太阳公转的第四大天体（直径上）。海王星在直径上小于天王星，但质量大于天王星。

海王星概说

海王星绕太阳公转 1 周约为 164.79 年，自转周期约为 22 小时。海王星上也有四季变化，不过因为公转 1 周时间很长，因而四季变化十分缓慢。由于海王星离太阳很远，接收到的太阳光和热很少，因此它的表面又暗又冷，温度约 –200℃。

海王星上的风暴

海王星上的风暴是类木行星中最强的，考虑到它处于太阳系的最外围，所接受的太阳光照比地球上弱 1000 倍，这个现象和科学家们原有的期望不符。人们曾经普遍认为行星离太阳越远，驱动风暴的能量就越少。木星上的风速已达数百千米 / 小时，而在更加遥远的海王星上，科学家发现风速没有更慢反而更快了（1600 千米 / 小时）。这种明显反常的现象的一个可能原因是：如果风暴有足够的能量，将会产生湍流，进而减慢风速（正如在木星上那样）。然而在海王星上，太阳能过于微弱，一旦开始刮风，它们遇到的阻碍很少，从而能保持极高的速度。

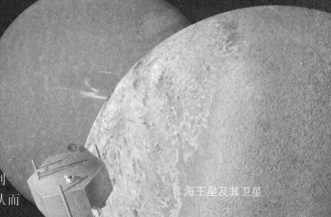

海王星及其卫星

彗星
HUIXING

彗星的头部尖尖，尾部散开，好像一把扫帚，所以彗星也叫"扫帚星"。严格地说，彗星算不上是一颗星，它只是一大团"冷气"间夹杂着冰粒和宇宙尘埃，但它是一种不能忽视的天体。

彗星的起源

彗星的起源是个未解之谜。有人提出，在太阳系外围有一个特大彗星区，那里约有 1000 亿颗彗星，叫奥尔特云。由于受到其他恒星引力的影响，一部分彗星进入太阳系内部，又由于木星的影响，一部分彗星逃出太阳系，另一些被"捕获"成为短周期彗星。也有人认为彗星是在木星或其他行星附近形成的。还有人认为彗星是在太阳系的边远地区形成的。甚至有人认为彗星是太阳系外的来客。

双尾彗星

单尾彗星

1986年2月出现的哈雷彗星

哈雷彗星

哈雷彗星是一颗著名的周期彗星。英国天文学家哈雷于1705年首先确定它的轨道是一个扁长的椭圆，并准确地预言了它以约76年的周期绕太阳运行。哈雷彗星的彗核长约15千米，宽约8千米，彗核表面呈灰黑色，返照率仅为4%左右。

彗星的构成

彗星分为彗核、彗发和彗尾3个部分。彗核由比较密集的固体块和质点组成，其周围的云雾状的光辉就是彗发。彗核和彗发合称彗头，后面长长的尾巴叫彗尾。这个扫帚形的尾巴，不是生来就有的，而是在接近太阳时，受到太阳风和太阳辐射压力的作用才形成的，所以常向背着太阳的方向延伸出去，离太阳愈近，这种作用愈强，彗尾也愈长。

望远镜拍摄的彗星

彗星多少年出现一次

彗星绕太阳转的周期是不相同的，周期最短的一颗叫恩克彗星，周期为3.3年，也就是每隔3.3年，我们就能看到它一次。从1786年被发现以来，恩克彗星已出现过近70次。有的彗星周期很长，要几十年甚至几百年才能看到一次。有的彗星轨道不是椭圆形的，这些彗星好像太阳系的"过路客人"，一旦离去，就不知它们跑到哪个"天涯海角"去了。

流星和陨石

流星是宇宙中的小天体、尘埃等被地球引力俘获后，在进入大气层中时因高速与大气摩擦产生高热，从而发光形成的。绝大部分流星体在大气层已烧毁而不会到地面上，只有体积较大的小天体，在大气层中来不及烧完就落到地面上，这才形成了陨石等陨星。

流星

分布在星际空间的细小物体和尘粒叫作"流星体"。成群地绕太阳运动的流星体为流星群。当闯入地球大气圈时，表现为流星雨。每年都会出现的著名流星雨，包括 8 月的英仙座流星雨，11 月的狮子座流星雨等。

流星雨

陨石

大质量流星体在地球大气圈中未被烧毁而落到地面的残骸称为陨星。陨星按化学成分分为三类：石陨星、铁陨星和石铁陨星，其中石陨星就是陨石。陨石的来源可能是小行星、卫星或彗星分裂后的碎块，因此，陨石中携带了这些天体的原始材料，包含着太阳系天体形成演化的丰富信息。目前，全世界已搜集到3000多次陨落事件的标本，其中著名的有中国吉林1号陨石、美国诺顿陨石等。

吉林1号陨石

地球上有许多陨石坑，它们是陨石撞击地球的产物。然而由于地球的风化作用，绝大多数早已被破坏得无法辨认了，现在尚能辨认的有150多个。

亚利桑那州大陨石坑

Part 2
第二章

地球家园

地球的形成

DIQIU DE XINGCHENG

地球起源于原始太阳星云，已经是一个46亿岁的老寿星了。在40亿—30亿年前，地球已经开始出现最原始的单细胞生命，后来逐渐进化，出现了各种不同的生物。

星云说

关于地球形成的科学假说很多，目前比较流行的是德国哲学家康德在1755年提出的"星云说"。他根据当时的天文观测资料，认为大约在100亿年前，宇宙中存在着原始的分散的物质微粒，这些物质微粒产生围绕着中心的旋转运动，并逐渐向一个平面集中，最后中心物质形成太阳，赤道平面上的物质则形成地球等行星和其他小天体。

迷人的地球

纽约某公园中的地球模型

地球发育

地球最初形成时，是一个巨大的火球。随着温度的逐渐降低，较重的物质下沉到中心，形成地核；较轻的物质漂浮到地面，冷却后形成地壳。大约在45亿年前，地球的大小就已经和今天的差不多了。原始的地球上既无大气，又无海洋。在最初的数亿年间，由于原始地球的地壳较薄，加上小天体的不断撞击，造成地球内熔液不断上涌，地震与火山喷发随处可见。地球内部蕴藏着大量的气泡，在火山喷发过程中从内部升起形成云状的大气。这些云中充满了水蒸气，然后又通过降雨落回到地面。降雨填满了洼地，注满了沟谷，最后积水形成了原始的海洋。到了距今25亿—5亿年的元古代，地球上出现了大片相连的陆地。地球大致的形貌就固定下来了。

地球的结构

DIQIU DE JIEGOU

从太空看，地球外部被气体包围着。这是因为在地球引力的作用下，大量气体聚集在地球周围，形成了数千千米的大气层，这为生物提供了氧气。地球本身的结构由表面向内依次分为地壳、地幔、地核。

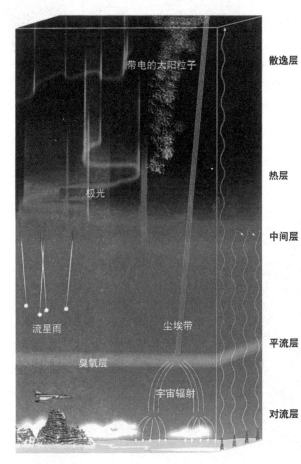

流星雨　尘埃带

臭氧层

宇宙辐射

带电的太阳粒子

极光

散逸层

热层

中间层

平流层

对流层

大气层结构

大气层

大气层又叫大气圈，地球被它层层包裹。大气层主要成分为氮气、氧气以及其他气体。

根据大气的温度、密度等方面的变化，可以把大气分成几层。最上面的一层叫作散逸层，大气非常稀薄。散逸层以下是热层。热层在距地面85—500千米的空间范围。热层以下是中间层，在50—85千米范围之内，特别寒冷。中间层以下是平流层，它在距地面十几千米到50千米范围以内，这层大气层内包含一个臭氧层。最下面的贴近地面的空气层叫对流层，它的厚度随纬度和季节有所变化，两极地区厚8千米，赤道上空厚17—18千米。

地球的内部结构

地球内部构造恰似一个桃子，外表的地壳是岩石层，相当于桃子皮，人类以及生物都生活在这里；地幔相当于桃子的果肉部分，是灼热的可塑性固体；地核相当于桃核，由铁、镍等金属物质或岩石构成。

地壳是一种固态土层和岩石，也称为岩石圈层。地幔分为上地幔层和下地幔层。地幔约占地球总体积的83.3%，温度高达1000℃—2000℃。上地幔层呈半熔融岩浆状态，下地幔层呈固体状态。地核又分为外核和内核。外核呈液态，内核呈固态。地核温度为5000℃左右。

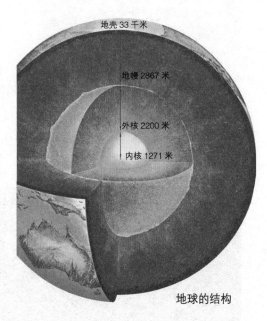

地壳33千米
地幔2867米
外核2200米
内核1271米

地球的结构

臭氧层

臭氧空洞

臭氧层是大气平流层中臭氧浓度最大处，是地球的一个保护层，太阳的紫外线辐射大部分被其吸收。然而，近些年来，由于在平流层内运行的飞行器日益增多，再加上人类活动产生的一些有害气体等进入平流层，使臭氧层遭到破坏，以至于在南极上空出现了"臭氧空洞"。

地球的自转与昼夜更替

DIQIU DE ZIZHUAN YU ZHOUYE GENGTI

太阳从东方的地平线冉冉升起，它越升越高，高挂在天空中，照亮了大地，继而又从西方地平线缓缓落下，大地逐渐黑暗起来。这是一种常见的现象，是由地球自转产生的。

自转的规律

地球自转是地球的一种重要运动形式，它指的是地球围绕地轴所做的自西向东的、不停地旋转运动。地球自转1周大约需要24个小时，即1天。从北极上空看，地球自转呈逆时针方向；从南极上空看，地球自转呈顺时针方向。一般而言，地球的自转是均匀的。

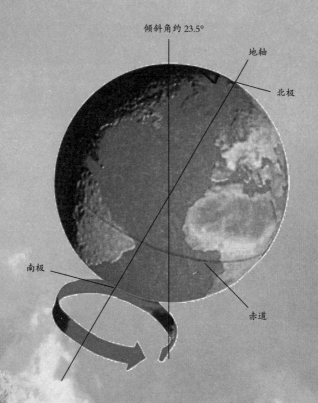

倾斜角约 23.5°

地轴

北极

南极

赤道

昼夜交替的形成

我们知道，地球是一个球体，它既不发光也不透明，因此当它不停地自西向东自转时，无论何时，都只有表面的一半可以被阳光照亮。被太阳照亮的半球处于白天，没被太阳照亮的半球处于黑夜。又因为地球的自转是一刻不停的，所以向阳面和背阳面循环交替，就产生了昼夜更替的现象。

极昼

极昼和极夜

地球上的北极和南极会出现太阳长时间不落的情况，也就是说一年内大致连续 6 个月都是白天，人们把这种现象叫作极昼；南、北两段有时候又会出现长时间没有太阳的情况，甚至连月亮都很少出现，人们把这种现象称为极夜。当南极出现极昼的时候，北极就同时出现极夜，反之也一样。

极夜

地球的公转与四季

DIQIU DE GONGZHUAN YU SIJI

所谓地球公转，就是地球围绕太阳的运动，因为地球相对太阳的公转运动使得太阳的直射位置不断变化，地面的受热量及天气也随之发生更替变换，因而产生了春夏秋冬四个季节。

地球公转路线

地球公转的路线叫作公转轨道。轨道是椭圆形，决定了地球绕太阳公转时，与太阳的距离会不断改变。每年1月初，地球离太阳最近，这个位置叫作近日点，此时日地距离约为14710万千米；每年7月初，地球距离太阳最远，这个位置叫作远日点，此时日地距离约为15210万千米。我们平时所说的日地距离是指平均距离，为14960万千米。

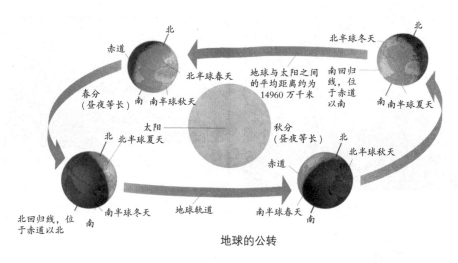

地球的公转

为什么一年是 365 天

地球绕日运动的轨道长度为94000万千米，公转1周所需时间为1年，天文上通常所说的年是365日5小时48分46秒，即一个回归年。

四季的形成

地球绕太阳公转的轨道是椭圆形的，而且与地球自转的平面有一个夹角。地球在一年中不同的时候，处在公转轨道的不同位置，地球上各个地方受到的太阳光照是不一样的，接收到的太阳热量也不同，因此就有了季节的变化和冷热的差异。

春

夏

秋

冬

季节的划分

在北半球的温带地区，一般 3—5 月为春季，6—8 月为夏季，9—11 月为秋季，12 月至次年 2 月为冬季。在南半球，各个季节的时间刚好与北半球相反。南半球是夏季时，北半球正是冬季；南半球是冬季时，北半球是夏季。在各个季节之间并没有明显的界限，季节是逐渐转换的。

赤道和两极
CHIDAO HE LIANGJI

赤道是地球表面的点随地球自转产生的轨迹中周长最长的圆周线，而北极和南极是地球上的两个端点。

赤道

赤日炎炎、骄阳似火。在赤道地区，太阳终年直射，气温高，天气热。赤道是通过地球中心垂直于地轴的平面和地球表面相交的大圆圈，把地球拦腰缚住，平分为南北两个半球，是南北纬度的起点，也是地球上最长的纬线圈，全长约40075千米，一架时速为800千米的喷气式飞机，要用50小时左右才能飞完这段距离。

知识小链接

赤道上的雪山

我们知道，海拔越高，气温越低；大约地势每升高1000米，温度要下降6℃左右。

乞力马扎罗山位于坦桑尼亚东北部的大草原，海拔5895米，是非洲最高的山。它位于赤道附近，但山顶上终年积雪不化，因此也被称为赤道雪山。

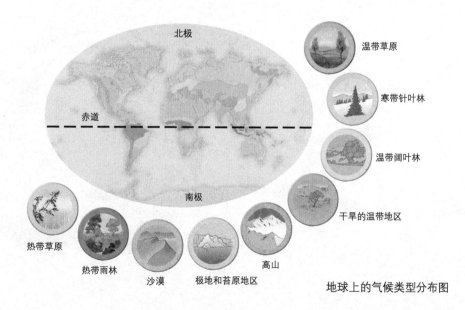

地球上的气候类型分布图

两极

两极是假想的地球自转轴与地球表面的两个交点，又是所有经线辐合汇集的地方。在北半球的叫北极，在南半球的叫南极。北极和南极到赤道间的经线距离都是相等的。其实地球的两个极点是运动着的，称为"极移"。极移的范围很小，虽然只有篮球场那么大，但它对地球经纬度的精度却有不小的影响。此外，科学家还发现，极移与大地震可能有联系，因为极移会引起地球内部大规模的物质迁移，从而诱发大地震。

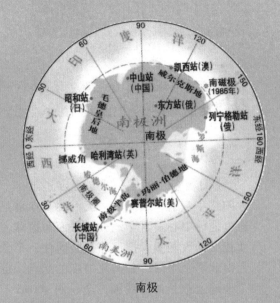

南极

北极熊

企鹅是南极的主人

海豹

寒冷的两极

两极经常出现"极昼"和"极夜"现象。虽然两极地区有半年时间为白昼，但真正能为两极地区增加热量的光线却少得可怜，因此两极地区终年冰天雪地，寒冷异常，草木很难生存，甚至像金属、橡胶之类的东西也会被冻得像玻璃那样易脆易碎。在南极地区，极点甚至有 $-94.5℃$ 的低温。不过很多动物却能在两极安居乐业。

北极狐

海洋与四大洋
HAIYANG YU SIDAYANG

地球表面被陆地分隔且彼此相通的广大水域是海洋，其总面积约为 3.6 亿平方千米。根据人们的计算，地球表面 71% 是海洋，而陆地面积仅占 29%。因为海洋面积远远大于陆地面积，所以有人将地球称为"水球"。

海洋的分布

从地球仪上看，世界的海陆分布很不均匀。从南北半球看，陆地主要分布在北半球，海洋主要分布在南半球。从东西半球看，陆地主要分布在东半球，海洋主要分布在西半球。值得注意的是，海和洋并不是一回事，我们通常把海洋的中心主体部分叫作洋，边缘附属部分称为海。

海洋的重要性

海洋是人类未来资源开发和空间利用的基地，对海洋的研究更有助于人类对地球的探索，所以海洋是人类可持续发展的关键。

太平洋

太平洋位于亚洲、大洋洲、南极洲和南北美洲之间，近似于椭圆形，两头窄、中间宽。其面积约为 17968 万平方千米，是世界上最大的海洋。其平均深度约为 4028 米，也是最深的大洋，还是全球岛屿最多的大洋。

大西洋

大西洋位于南、北美洲和欧洲、非洲、南极洲之间，面积约为 9336.2 万平方千米，轮廓略像"S"形，东西狭窄，南北延伸。

印度洋

印度洋位于亚洲、大洋洲、非洲和南极洲之间，面积约为 7492 万平方千米。

北冰洋

北冰洋位于地球的最北面，大致以北极为中心，面积约为 1310 万平方千米，是四大洋中面积和体积最小、深度最浅的大洋。因为洋面上终年覆盖着冰，所以叫作"北冰洋"。

大洲

DAZHOU

人们将当今陆地划分为 7 个洲，分别为亚洲、非洲、欧洲、南美洲、北美洲、大洋洲、南极洲。

🪐 亚洲

亚洲是亚细亚洲的简称,位于东半球的东北部,东临太平洋,南接印度洋,北濒北冰洋。西面通常以乌拉尔山脉、乌拉尔河、里海、大高加索山脉、土耳其海峡和黑海与欧洲分界,西南面以红海、苏伊士运河与非洲分界,东北面隔着白令海峡与北美洲相望,东南面以帝汶海、阿拉弗拉海及其他一些海域与大洋洲分界。总面积4400万平方千米,占世界陆地面积的1/3,是世界第一大洲。

亚洲有40多个国家和地区,以黄种人为主,西亚和南亚有白种人分布,在阿拉伯半岛和马来群岛有少数黑色人种。

万里长城

55

非洲

非洲位于东半球的西南部，东接印度洋，西临大西洋，北隔地中海和直布罗陀海峡同欧洲相望，东北隔苏伊士运河、红海与亚洲相邻。面积 3020 余万平方千米，是世界第二大洲，人种以黑种人居多。

非洲是一个高原大陆，全洲平均海拔 750 米。整个大陆的地形从东南向西北稍有倾斜。东部和南部地势较高，分布有埃塞俄比亚高原、东非高原和南非高原。

非洲地跨南北两个半球，赤道横贯中部，气候带呈南北对称分布。通常气温高、降水少、干旱地区广，有"热带大陆"之称。

非洲是黑种人的故乡

欧洲

欧洲位于东半球的西北部，与亚洲大陆相连，合称亚欧大陆。它北临北冰洋，西濒大西洋，南隔地中海与非洲相望，总面积仅 1016 万平方千米。在地理上习惯把欧洲分为南欧、西欧、中欧、北欧和东欧 5 个部分。南欧包括希腊、西班牙等国家，西欧包括英国、法国等国家，中欧包括奥地利、瑞士等国家，东欧包括俄罗斯、乌克兰等国家，北欧包括瑞典、丹麦等国家。

欧洲是世界资本主义的发源地，绝大多数国家的经济都比较发达。欧洲也是白种人的故乡，有 7 亿多人口，是世界上人口最稠密的地区之一，但人口自然增长率普遍低于其他各洲。

欧洲是白种人的故乡

美丽的欧洲

南美洲

南美洲位于西半球的南部,西临太平洋,东接大西洋,北临加勒比海,西北角通过中美地峡与北美洲接壤,南隔德雷克海峡与南极洲相望。总面积近1800万平方千米。整个南美洲是一块巨大的三角形陆地,北面宽,南面窄。

南美洲的人种组成较复杂,混血种人、印第安人、白种人和黑种人是主要的人种,分布在十几个国家和地区。

足球运动在南美洲非常盛行

北美洲

北美洲位于西半球的北部。西接太平洋，东临大西洋，西北面和东北面分别隔海与亚洲和欧洲相望，北面与北冰洋相邻，南面以巴拿马运河与南美洲相接。北美洲面积 2422.8 万平方千米，是世界第三大洲，共有 23 个国家和十几个地区。

北美洲有白种人、印第安人、黑种人、混血种人等人种。印第安人是当地的土著居民。

美国是北美洲最发达的国家，也是世界最发达的国家之一

大洋洲

大洋洲是面积最小的一个洲，主体部分是澳大利亚大陆，因此，人们过去把大洋洲称为澳洲。大洋洲包括澳大利亚大陆、新西兰南北两岛、新几内亚岛，以及太平洋中的波利尼西亚、密克罗尼西亚和美拉尼西亚三大群岛等。全洲陆地面积约为897万平方千米，人口总计约3000万。大洋洲的土著居民是棕色人种，现在的白种人是欧洲移民的后裔。

大洋洲位于亚洲与南极洲之间，西临印度洋，东面隔太平洋与南、北美洲遥遥相望。大洋洲上的动植物具有其他许多大陆所没有的特点，有3/4的植物品种是其他大陆所没有的。

南极洲

作为地球上最冷的大洲，南极内陆冷得令人难以想象，就连企鹅这种最不怕冷的鸟，仍然生活在南极洲上相对温暖的地带。

南极有地球上最为猛烈的大风，风速一般达每秒17—18米，最大达每秒90米以上，是高速公路上汽车的好几倍！所以它是世界最冷和风暴最多、风力最大的陆地，很多人把南极称为"暴风之家"或"风极"。

澳大利亚袋鼠

河流

河流是人类文明的摇篮

地上本来没有河，是雨水、地下水和高山冰雪融水经常沿着线形伸展的凹地向低处流动，才形成了河流。

天然河流的形成

一条河流的形成必须有流动的水及储水的槽。山间易涨、易退的山溪，不能算河流。一条新河形成时，河水并不是向下流动，而是掉过头来，向源头伸展，河谷一天天向上游延伸。凡是天然形成的河流都是这样"成长"起来的

"老人河"——密西西比河

山脉
SHANMAI

地球上分布着众多山脉，各种各样，人们为了便于区分，就根据其形成原因将之分成三大类，即火山、褶皱山和断层山。

🌑 山的形成示意图

当地壳发生剧烈的挤压时，会形成褶皱，或者大规模地抬升与沉降，便形成了山。不同形状的岩层有不同的名称。地壳隆起形成褶皱山，地壳断裂形成断层山和裂谷。

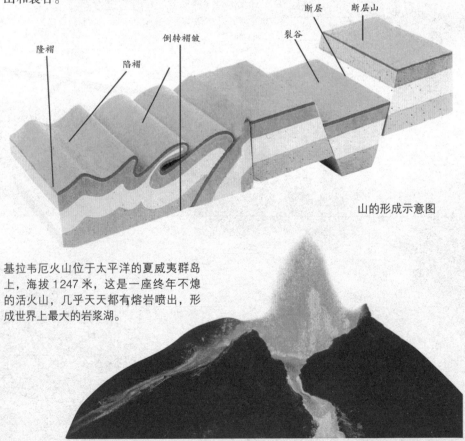

隆褶　陷褶　倒转褶皱　裂谷　断层　断层山

山的形成示意图

基拉韦厄火山位于太平洋的夏威夷群岛上，海拔1247米，这是一座终年不熄的活火山，几乎天天都有熔岩喷出，形成世界上最大的岩浆湖。

火山

地壳之下 100—150 千米处，有一个"液态区"，区内存在着高温、高压下含气体挥发成分的熔融状硅酸盐物质，即岩浆。它一旦从地壳薄弱的地段冲出地表，就形成了火山。火山分为活火山、死火山和休眠火山。火山爆发能喷出多种物质。

褶皱山

褶皱山是地表岩层受垂直或水平方向的构造作用力而形成的岩层弯曲的褶皱构造山地。

断层山

断层山又称"断块山"。岩层在断裂后，位置会相互错开，岩层的这种变化叫作断层。岩层断裂后抬升，形成山脉，叫断层山。一般断层山山坡较陡，如中国的华山。

富士山由火山运动形成

张家界断层山

知识小链接

珠穆朗玛峰

珠穆朗玛峰位于我国同尼泊尔交界的边境线上，海拔 8844.43 米，是地球上最大的山脉——喜马拉雅山的主峰，也是世界最高峰。它周围多冰川，地形险峻，气候多变。

珠穆朗玛峰

草原
CAOYUAN

草原是土地类型的一种，植物群落多由耐寒的旱生多年生草本植物组成，是具有多种功能的自然综合体。

🔍 动物的天堂

不同类型的草原气候条件和动植物种类有所不同，但多数草原生长的都是可用作饲料的草本和木本植物。茫茫的草原里，生活着众多食草动物和凶猛的野兽，如袋鼠、大象、鬣狗、狮子等。

长颈鹿

长颈鹿是世界上现存最高的陆生动物，雄性高约6米，重可达900千克，以树叶为食。长颈鹿多生活在非洲热带、亚热带广阔的草原上。

獴

袋鼠

獴长身、长尾，四肢短，主要吃蛇，也猎食蛙、鱼、鸟、鼠、蟹、蜥蜴等动物；多利用树洞、岩隙做窝。

澳大利亚草原上最具代表性的动物就是袋鼠，它们主要吃各种杂草和灌木。它们长长的后腿强健有力，以跳代跑，最高可跳约4米，最远可跳约13米。雌性袋鼠有育儿袋。

平原

PINGYUAN

陆地上海拔在 0—500 米之间，地
面平坦或起伏较小，分布在大河
两岸或濒临海洋的地区，被称为平原。
全球的陆地面积约有1/4是平原。位
于南美洲中部的亚马孙平原是世界上
最大的平原。

平原上的小麦

堆积平原

地壳长期的大面积下沉，会使地面因不断地接受各种不同成因的堆
积物的补偿而形成平原，这种平原叫堆积平原。堆积平原多产生于海面、
河面、湖面等堆积基面附近。根据堆积平原的成因又可将其分为洪积平原、
冲积平原、海积平原、湖积平原、冰川堆积平原和冰水堆积平原等。

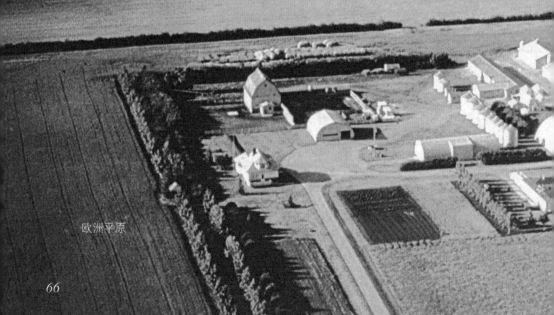
欧洲平原

🪐 侵蚀平原

一些因风力、流水、冰川等外力的不断剥蚀、切割而成的地面起伏明显的平原被称为侵蚀平原，也叫石质平原。这种平原的地表土层较薄，上面有很多风化后的残积物，像沙砾、石块之类。

🪐 中国的平原

东北平原、华北平原、长江中下游平原是我国的三大平原，其中最大的是东北平原。除了三大平原外，我国还有一些零星分布的小平原，如四川盆地中的成都平原、珠江三角洲平原等，这些平原一般都是冲积平原。

冲积平原

高原
GAOYUAN

一些面积较大、地形开阔、顶面起伏较小、外围又较陡的高地通常被称为高原。

🌑 高原的分布

高原的平均海拔多在 500 米以上，大多数的高原表面宽广平坦，地势起伏不大；一部分高原则有奇峰峻岭，地势变化较大。

🌑 东非高原

东非高原位于非洲东部，面积约为 100 万平方千米，平均海拔 1200 米左右，是非洲湖泊最集中的地区，素有"湖泊高原"之称。

东非高原上的犀牛

青藏高原

青藏高原位于中国西南部，是由一系列高大的山脉组成的，海拔4000—5000米，是目前世界上海拔最高的高原，有"世界屋脊""地球第三极"之称。

青藏高原上的藏羚羊

非洲高原上的大象

黄土高原

黄土高原位于中国的中部偏北地区，地面的黄土厚度在50—80米之间，是世界上最大的黄土沉积区，其地表千沟万壑，水土流失比较严重。

黄土高原

盆地
PENDI

盆 地是一种四周高、中部低的地形，看起来就像一个放在地上的大盆。地壳的运动和风、雨水等的侵蚀是盆地形成的主要原因。

构造盆地

地壳不断运动的时候，地下的岩层受到挤压，使有些下降的部分被隆起的部分包围着，形成了一种看起来像放在地上的盆子一样的地形，这叫作构造盆地。

侵蚀盆地

一些地面因为强风把地表的沙石吹走，形成了碟状的风蚀洼地；或者是雨水、河流的长久侵蚀使地面形成了各种大小不同的侵蚀河谷，这叫作侵蚀盆地。

刚果盆地

刚果盆地是世界上最大的盆地，又称扎伊尔盆地，位于非洲中西部，呈方形，赤道横贯其中部，面积约 337 万平方千米。

刚果盆地

吐鲁番盆地

吐鲁番盆地

我国吐鲁番盆地是世界上海拔最低的盆地，大部分地面在海拔 500 米以下，有些地方比海平面还低。

大自流盆地

在澳大利亚大陆中部偏东的岩层上，覆盖着不透水层，东部多雨，形成受水区，地下水流以每年 11—16 米的速度流向西部少雨地区。承压水透过钻井或天然泉眼等涌出地表，自流盆地因此而得名。大自流盆地呈浅碟形，面积约为 177 万平方千米，是世界上最大的自流盆地。澳大利亚的畜牧业发展得益于这种得天独厚的地形。

大自流盆地

沙漠
SHAMO

沙漠是指地面完全被沙所覆盖、植物非常稀少、雨水稀少、空气干燥的荒芜地区。

沙漠的形成

沙漠大多分布在南北纬度15—35度之间的信风带。这些地方气压高、天气稳定，风总是从陆地吹向海洋，海上的潮湿空气却进不到陆地上，因此雨量极少，非常干旱。地面上的岩石经风化后形成细小的沙粒，沙粒随风飘扬，堆积起来，就形成了沙丘。沙丘广布，就变成了浩瀚的沙漠。有些地方岩石风化的速度较慢，形成大片砾石。

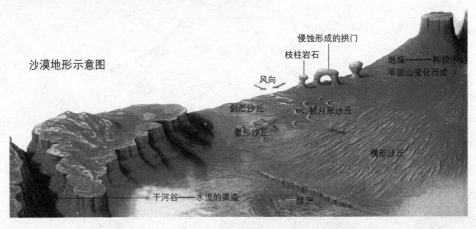

沙漠地形示意图

侵蚀形成的拱门
枝柱岩石
地垛——种较小的平顶山变化而成
风向
剑形沙丘
新月形沙丘
星形沙丘
横形沙丘
干河谷——水流的渠道
绿洲

沙漠的特征

　　沙漠地区年温差可达 30℃—50℃，日温差更大，夏天午间地面温度可达 60℃以上，夜间的温度则降到 10℃以下。沙漠地区强大的风卷起大量浮沙，形成凶猛的风沙流，不断吹蚀地面，使地貌发生急剧变化。

智利阿塔卡玛沙漠

沙尘暴

下现蜃景

知识小链接

沙尘暴

　　沙尘暴是指强风把地面大量沙尘物质吹起并卷入空中，使空气特别浑浊，水平能见度小于1000米的严重风沙天气现象。

下现蜃景

　　在沙漠里，由于白天沙石被太阳晒得灼热，接近沙层的空气升高极快，形成下层热、上层冷的温度分布，造成下部空气密度远比上层空气密度小的状况。这时前方景物的光线会由密度大的空气向密度小的空气折射，从而形成下现蜃景。远远望去，宛如水中倒影。在沙漠中长途跋涉的人，燥热干渴，看到下现蜃景，常会误认为已经到达清凉湖畔。但是，一阵风沙卷过，仍是一望无际的沙漠，这种景象只是一场幻景。

溶洞
RONGDONG

溶洞是因地下水沿可溶性岩的裂隙溶蚀扩张而形成的地下洞穴，规模大小不一，大的可容纳千人以上。溶洞中有许多奇特景观，如石笋、石柱、石钟乳、石幔等。

溶洞产生的原因

溶洞的形成，可以从一个简单的实验说起。用一根塑料管插入一杯澄清的石灰水里，通过管子吹气，不一会儿杯内的水就变得混浊。但当你继续吹气时，溶液又变得澄清了。原来，开始吹出的气是二氧化碳，它同石灰水里的氢氧化钙产生化学反应，生成不溶于水的碳酸钙，使澄清的石灰水变混浊。这时再吹气，吹出的二氧化碳又使碳酸钙在水中变成可溶的碳酸氢钙了。这个实验过程中的化学变化，正是石灰岩溶洞产生的原因。

中国的溶洞

中国是个多溶洞的国家，尤其以广西境内的溶洞著称，如桂林的七星岩、芦笛岩等。北京西南郊周口店附近的上方山云水洞，深约612米，有7个"大厅"，被一条窄长的"走廊"串联，洞的尽头是一个硕大的石笋，美名曰"十八罗汉"，石笋背后即是深不可及的落水洞，也有一定规模。周口店的龙骨洞虽然不大，但却是我们老祖宗的栖身地。云南镇雄县的鸡鸣三省白车溶洞宛若扣碗，上悬溶锤，极为美丽。

知识小链接

钟乳石和石笋

在溶洞中，溶解了碳酸钙的地下水沿着溶洞顶部的裂缝向下流的时候，有一部分碳酸钙在裂缝的出口处沉积了下来，时间久了就长成了冰柱一般的钟乳石。而另外一部分没有沉积的碳酸钙，随着滴落的水落到了地上，越积越高，从而变成石笋。

岛屿
DAOYU

岛屿是指四面环水并在涨潮时高于水面的自然形成的陆地区域。海洋中的岛屿面积大小不一，小的可能不足 1 平方千米，称"屿"；大的可达几百万平方千米，称"岛"。

岛屿群的称呼

在狭小的地域范围内集中 2 个以上的岛屿，即形成"岛屿群"；大规模的岛屿群则被称作"群岛"或"诸岛"，列状排列的群岛即为"列岛"。如果一个国家的整个国土都坐落在一个或数个岛之上，则此国家可以被称为岛屿国家，简称"岛国"。

大陆岛

海水上升或者大陆下沉时，有一部分陆地被海水分开而成为岛屿，这种岛屿被称为大陆岛。

冲积岛

有些河流中含有大量的泥沙，这些泥沙经多年沉积，面积逐年扩大，最后慢慢形成了岛屿，这种岛屿叫作冲积岛。

火山岛

海底火山喷发后，一些火山喷发物会大面积堆积而形成岛屿，这种岛屿叫作火山岛。

地震
DIZHEN

地震是地壳快速释放能量期间产生地震波的一种自然现象。

陷落地震

当上层地壳压力过重时，地下的巨大石灰岩洞就会突然塌陷，发生地震，这叫陷落地震。它发生的次数少，影响范围不大。

火山地震

火山爆发时，熔岩冲击地壳发生爆炸，使大地震动，这叫火山地震。火山地震影响范围不大，次数也不多。

美国洛杉矶地震

构造地震

世界上次数最多、影响范围较广的是构造地震。它是地球的内力作用等引起的地层断裂和错动，使地壳发生升降变化。巨大的能量一经释放，被激发出来的地震波就四散传播开去，到达地面时，引起强烈的震动。

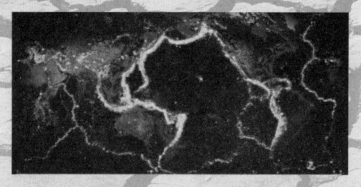

世界地震带分布图

地震的地理分布

地震的地理分布受一定的地质条件限制，具有一定的规律。地震大多发生在地壳不稳定的部位。特别是板块之间的消亡地带，容易形成地震活跃的地震带。全世界主要有三个地震带：环太平洋地震带、欧亚地震带、大洋中脊地震带。中国的地震带主要分布在台湾地区、西南地区、西北地区、华北地区、东南沿海地区等。

中国地震带分布

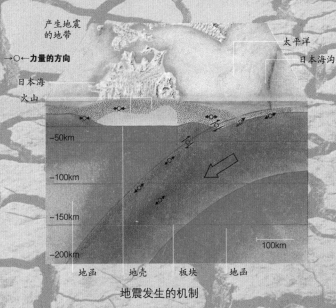

地震发生的机制

日本东北部的剖面图，海侧的板块在日本海沟的部位，潜入大陆侧的板块下方，该交界处经常发生地震。

火山
HUOSHAN

在地壳之下100—150千米处，有一个"液态区"，区内存在着高温、高压下含气体挥发成分的熔融状硅酸盐物质，即岩浆，它们一旦从地壳薄弱的地段冲出地表，就形成了火山。

🪐 火山的种类

火山可分为活火山、死火山和休眠火山三类。现在还活动的火山是活火山。死火山是指史前有过活动，但历史上无喷发记载的火山。我国境内的600多座火山，大都是死火山。休眠火山是指在历史上有过活动的记载，但后来一直没有活动的火山。休眠火山可能会突然"醒来"，成为活火山。

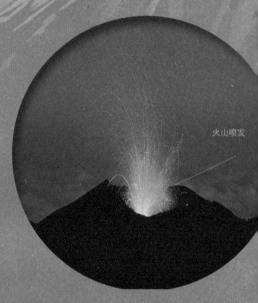

火山喷发

法国奥弗涅火山谁

🪐 火山的分布

板块构造理论被建立以来，很多学者根据板块理论建立了全球火山模式，认为大多数火山都分布在板块边界上，少数火山分布在板块内。前者构成了四大火山带，即环太平洋火山带、大洋中脊火山带、东非裂谷火山带和阿尔卑斯—喜马拉雅火山带。

火山喷发的两面性

猛烈的火山喷发会吞噬、摧毁大片土地，把大批生命、财产烧为灰烬。可令人惊讶的是，火山所在地往往是人烟稠密的地区，日本的富士火山和意大利的维苏威火山周围就是这样。原来，火山喷发出来的火山灰是很好的天然肥料，所以富士山地区的桑树长得特别好，这有利于发展养蚕业；维苏威火山地区则盛产葡萄。此外，火山地区景象奇特，往往成为旅游胜地。

火山植物

火山研究

在人类能够控制火山活动之前，加强预报是防止火山灾害的唯一办法。科学家对火山喷发问题的研究，常常得益于动植物的某种突然变化。虽没有准确的方法可以预测火山的喷发，但是预测火山的喷发如同预测地震一样可以拯救许多生命。

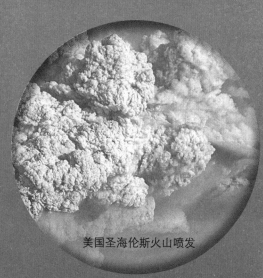

美国圣海伦斯火山喷发

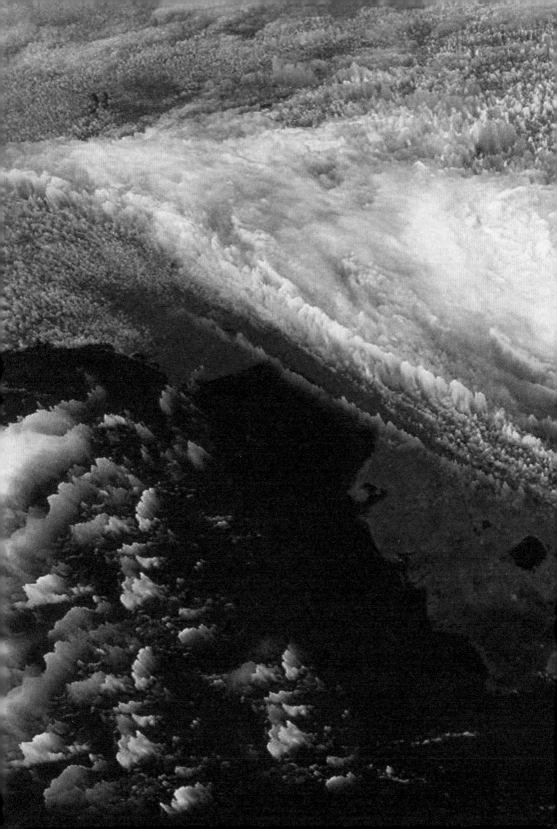

Part 3
第三章

气象万千

气候
QIHOU

沙漠气候

气候是一个地方多年的天气平均状况，一般变化不大。气候按照热量与水分结合状况的差异、水分季节分配的不同或地形区别等可分为多种类型，如热带沙漠气候、温带海洋性气候、高原山地气候、寒带气候等。

热带沙漠气候

热带沙漠气候是地球上最干燥的气候类型，典型的地区是非洲的撒哈拉沙漠和卡拉哈里沙漠。热带沙漠气候光照多，云雨较少，夏季更是酷热干燥，多风沙，且昼夜温差较大。

温带海滩

温带海洋性气候

温带海洋性气候在欧洲的分布面积最广，典型的气候特征是全年温和湿润。一般降水较均匀，夏天不会特别热，冬天也不会十分寒冷，气温年变化较小。

高原山地气候

高原山地气候多分布在海拔较高的高山或者高原地区。因为地势高，所以全年低温，降雨之际多伴有冰雹。

寒带气候

寒带气候即极地气候，分冰原气候和苔原气候两种。寒带气候因为极昼和极夜现象的出现而无明显的四季变化，接受太阳光热较少，全年气候寒冷，降水稀少。

山地

寒带气候

风
FENG

风 是一种自然现象，看不见，摸不着。

风的形成

风的形成和太阳照射是分不开的。太阳照射地面，由于地形不一样，有的地方是浩瀚水面，有的地方是崇山峻岭，有的是广阔平地，因而受热不均，造成各地气温有的高，有的低。热的地方空气密度小，气压就降低；冷的地方空气密度大，气压就升高。空气会从气压高的地方向气压低的地方流动，这样不断流动就形成了风。

海风

我们都知道，海边通常会有风，这是因为，通常晴朗的白天，陆地受热比海面快，海面上的气压比陆地高，海风就源源不断地吹向陆地；而夜间陆地散热比海上快，海上的气压比陆地低，风就从陆地吹向海上。

海风

风的等级划分

无 风（0级） 烟直上，平静。

软 风（1级） 烟示方向。

轻 风（2级） 感觉有风，树叶有微响。

微 风（3级） 旌旗展开，树叶、小树枝微微摇动。

和 风（4级） 吹起尘土，小树枝摇动。

劲 风（5级） 小树摇摆。

强 风（6级） 电线有声，举伞困难。

疾 风（7级） 步行困难，全树摇动。

大 风（8级） 折毁树枝，人前行困难。

烈 风（9级） 屋顶受损，瓦片移动。

狂 风（10级） 树根拔起，建筑物被毁。

暴 风（11级） 房屋被吹走，造成重大损失。

飓 风（12级） 造成巨大的灾害。

微风吹起波纹

无风水平如镜

狂风掀起巨浪

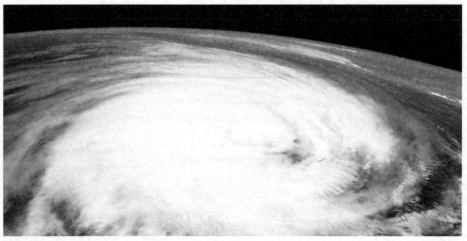

台风风浪

🪐 台风的形成

热带海面在阳光的强烈照射下，海水会大量蒸发，从而形成巨大的积雨云团。热空气上升后，这一区域气压则会下降，周围的空气会源源不断地涌入，因受地球转动的影响，涌入的空气会出现剧烈的空气旋转，这就是热带气旋。这种气旋边旋转边移动，风速可达 10 级以上。这种气旋发生在大西洋西部的被称为飓风，发生在太平洋西部海洋和南海海上的被称为台风。

🪐 龙卷风的分类

龙卷风主要分为两种：一种产生在陆地上，叫作"陆龙卷"；另一种在海面或河面上生成，叫作"水龙卷"。

🪐 龙卷风的危害

龙卷风的风速常常达每秒 100 多米，破坏力极大，能把海水、人、动物、树木等卷到空中。

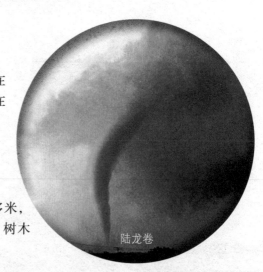

陆龙卷

云

YUN

云 是指停留在大气层的水滴、冰晶的集合体。

云的形成

地面上的积水慢慢不见了，晾着的湿衣服不久就干了，水到哪里去了？原来，水受太阳辐射后变成水汽，蒸发到空气中去了。到了高空，水汽遇到冷空气便凝聚成了小水滴，然后又与大气中的尘埃、盐粒等聚集在一起，便形成了千姿百态的云。

云的作用

云吸收从地面散发的热量，并将其反射回地面，这有助于使地球保温。而且云同时也将太阳光直接反射回太空，这样便有降温作用。

云的颜色

我们平时看到的云有各种色彩，有的洁白，有的乌黑，有的呈红色或黄色……其实，天上的云都是白色的，只是因为云层的厚度不同，以及云层受到阳光的照射不同而显出不同的颜色。

云的形成示意图

火烧云

云的种类

卷云像羽毛一样丝丝缕缕地飘浮在天空最高处。

积云呈棉花状，这种云夏天最常见。积云较多的时候会形成积雨云，带来雷电天气。

火烧云会在日出或日落时成片出现，颜色通红，又叫朝霞和晚霞。

层云是低而均匀的云层，多呈灰色或灰白色，像雾一样，但不接地，常出现在山里。天空出现层云，有时会降毛毛雨。

卷云

积云

积雨云

层云

雷电
LEIDIAN

雷电是伴有闪电和雷鸣的一种雄伟壮观而又有点儿令人生畏的放电现象。

雷电的形成

在夏季闷热的午后或傍晚，地面的热空气携带着大量的水汽不断上升到天空，形成大块大块的积雨云。由于云中的电流很强，通道上的空气就会被烧得炽热，温度比太阳表面温度还要高，所以会发出耀眼的白光，这就是闪电。雷声是通道上的空气和云滴受热而突然膨胀后发出的巨大声响。

雷电的利弊

雷电会击毁房屋，造成人畜伤亡，引起森林火灾。但雷电带来的并不都是坏事，它能给农作物提供充分的水分，净化大气，还能给大地带来肥料。

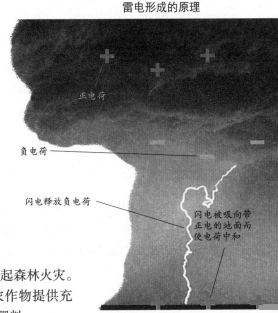

雷电形成的原理

正电荷

负电荷

闪电释放负电荷

闪电被吸向带正电的地面而使电荷中和

云间雷电

雨
YU

雨 是从云中降落的水滴。它是人类生活中重要的淡水来源之一，但过多的降雨也会带来严重的灾害。

🔍 雨的到来

陆地和海洋表面的水蒸发后变成水蒸气，水蒸气上升到一定高度后遇冷变成小水滴，小水滴组成了云，在云里互相碰撞，变成大水滴，然后从空中落下来，形成雨。在夏季，雨常常在雷电的陪伴下出现。

🔍 小雨

小雨指的是雨滴清晰可见，雨声微弱，落到地上时雨滴不四溅的降雨现象。一般小雨出现时，屋檐上只有滴水且洼地积水很慢，12 小时内降水量小于 5 毫米或 24 小时内降水量小于 10 毫米。

万物生长离不开雨

雨积水

🔍 中雨

中雨一般指日降水量为 10—24.9 毫米的雨，雨落如线，雨滴不易分辨，洼地积水较快。

🔍 暴雨

暴雨可以简单理解为降水强度很大的雨。我国气象上规定，24 小时内降水量达到 50 毫米或以上的强降雨为"暴雨"。

暴雨

幻雨

幻雨多出现在沙漠上空，指的是雨点在落地以前就蒸发掉了的自然现象。出现这种现象的主要原因是沙漠地区的低空极热、干燥。

雷雨

沙漠地区常出现幻雨

酸雨

如果空气中含酸量过大，则会形成酸雨，酸雨危害十分严重。酸雨中含有多种无机酸和有机酸，绝大部分是硫酸和硝酸，还有少量灰尘。下酸雨时，树叶会受到严重侵蚀，树木的生存受到严重危害。不仅森林受到严重威胁，土壤由于受到酸性侵蚀，也会导致农业减产。

此外，酸雨容易腐蚀水泥、大理石，并能使铁器表面生锈。因此，建筑物、公园中的雕塑以及许多古代遗迹也容易受腐蚀。

酸雨的形成

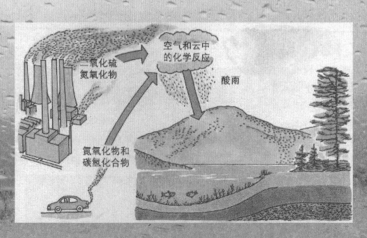

一氧化硫
氮氧化物

空气和云中的化学反应

酸雨

氮氧化物和碳氢化合物

雪
XUE

雪是水蒸气在空中凝结为白色结晶而落下的自然现象，或指落下的雪花。雪只有在很冷的温度下才会出现，因此亚热带地区和热带地区下雪的概率较小。

雾淞

🌀 雪的形成

雪和雨一样，都是水蒸气凝结而成的。当云中的温度在0℃以上时，云中没有冰晶，只有小水滴，这时只会下雨。如果云中和下面的空气温度都低于0℃，小水滴就会凝结成冰晶，降落到地面。

知识小链接

冰雹

水汽在上升过程中遇冷会凝结成小水滴，当气温低于0℃时，水滴就会凝结成冰粒，并在上下翻滚中不断吸附其周围的小冰粒或水滴而"长大"。当这些冰粒降落到地面，就变成了我们见到的冰雹。冰雹小如绿豆，大似鸡蛋，是严重的自然灾害之一。

🌀 雪花的形状

单个雪花又轻又小，都是有规律的六角形。雪花的形状与它在形成时的水汽条件有密切关系。如果云中水汽不太丰富，只有冰晶的面上达到饱和，凝华增长成柱状或针状雪晶；如果水汽稍多，冰晶边上也达到饱和，凝华增长成为片状雪晶；如果云中水汽非常丰富，冰晶的面上、边上、角上都达到饱和，其尖角突出，得到水汽最充分，凝华增长得最快，因此大都形成星状或枝状雪晶。

霜和露

SHUANG HE LU

霜和露的出现过程是雷同的，都是在空气中的相对湿度达到100%时，水分从空气中析出的现象。它们的差别只在于露点（水汽液化成露的温度）高于冰点，而霜点（水汽凝华成霜的温度）低于冰点。

露水的形成

在晴朗无云、微风拂过的夜晚，由于地面的花草、石头等物体散热比空气快，温度比空气低，所以当较热的空气碰到地面这些温度较低的物体时，便会发生饱和，水汽凝结成小水珠滞留在这些物体上面，这就是我们看到的露水。

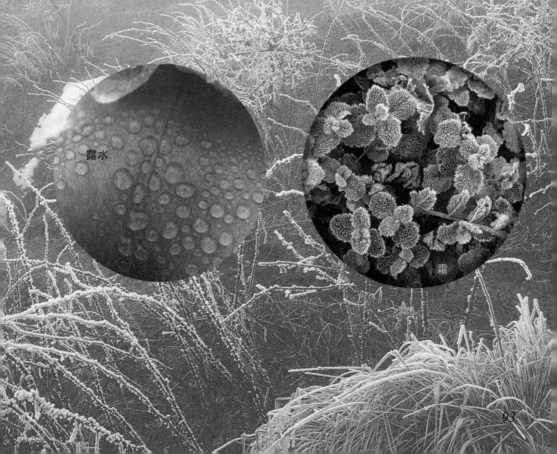

露水

霜

露水

露水的作用

露水对农作物生长很有利。因为在炎热的夏天，白天农作物的光合作用很强，会蒸发掉大量的水分，发生轻度的枯萎。到了夜间，由于露水，农作物又恢复了生机。

霜的形成

深秋和初春时节，当夜间气温降到0℃以下时，空气中富余的水汽便会在不易导热的叶子和木、瓦等物体上直接凝结成白色的小冰晶，这就是霜。

霜对农作物的影响

有霜时节，农作物如果还没收获，常常会遭受霜冻。实际上，农作物不是因为霜而受冻的，零下低温才是真正的凶手。因为在空气十分干燥时，即使到零下一二十摄氏度的低温，也不会出现霜，但此时农作物早已被冻坏了。

霜期的名称

入秋后最早出现的一次霜，被称为初霜；入春后最后一次霜，被称为终霜。从终霜到初霜的日子是无霜期。我国北方的无霜期短，越往南无霜期越长。

雾和霾
WU HE MAI

气象学称因大气中悬浮的水汽凝结，能见度低于 1 千米的天气现象为雾。而悬浮在大气中的大量微小尘粒、烟粒或盐粒的集合体，使空气混浊，水平能见度降低到 10 千米以下的天气现象被称为霾。

雾的形成

白天太阳照射地面，导致水分大量蒸发，使水汽进入空气中，同时地面也吸收了大量的热量。到了傍晚，太阳落山以后，地面吸收的热量就开始向上空散发，接近地面的空气温度也会随着降低。天气越晴朗，空中的云量越少，地面的热量就散发得越快，空气温度也降得越低。到了后半夜和第二天早晨，接近地面的空气温度降低以后，空气中的水汽超过了饱和状态，多余的水就凝结成微小的水滴，分布在低空形成雾。因此，当白天太阳一出来，地面温度升高，空气温度也随之升高，空气中容纳水汽的能力增大时，雾便会逐渐消散。

霾的形成

霾的形成与污染物的排放密切相关，城市中机动车尾气以及其他烟尘排放源排出的粒径在微米级的细小颗粒物，停留在大气中，当逆温、静风等不利于扩散的天气出现时，就形成霾。

晨雾

雾和霾的区别

雾和霾的区别主要在于水分含量的大小：水分含量达到 90% 以上的叫雾，水分含量低于 80% 的叫霾。80%—90% 间的，是雾和霾的混合物，但其主要成分是霾。

以能见度来区分：水平能见度小于 1 千米的，是雾；水平能见度小于 10 千米的，是霾。

霾

温度
WENDU

气象学上把表示空气冷热程度的物理量称为空气温度，简称气温。国际标准气温度量单位是摄氏度（℃）。

天气预报中的气温

天气预报中所说的气温，指在野外空气流通、不受太阳直射的环境下测得的空气温度（一般在百叶箱内测定）。最高气温是一日内气温的最高值，一般出现在14—15时；最低气温是一日内气温的最低值，一般出现在早晨5—6时。

气温变化

气温变化分日变化和年变化。日变化，最高气温在午后2时，最低气温在日出前后。年变化，北半球陆地上7月最热，海洋上8月最热；南半球与北半球相反。

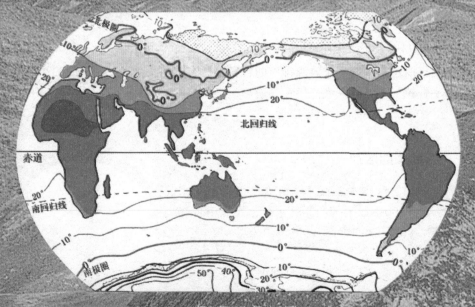

世界年平均气温分布图

湿度
SHIDU

大气中水蒸气含量的多少或空气的干湿程度,简称湿度。

湿度对空气的影响

在一定的温度下,一定体积的空气里含有的水汽越少,空气越干燥;水汽越多,空气越潮湿。

湿度对人的影响

人体在室内感觉舒适的最佳相对湿度是40%—50%,相对湿度过小或过大,对人体都不宜,甚至有害。居住环境的相对湿度若低至10%以下,人易患呼吸道疾病,出现口干、唇裂、流鼻血等现象。相对湿度过大,又易使室内家具、衣物、地毯等织物生霉,铁器生锈,电子器件短路,对人体有刺激。

哇!怎么会有电?

静电

静电与湿度

在中国的北方,到了冬天的时候,我们往往会遇到静电的困扰,这是因为空气的相对湿度太低了。研究发现,在空气逐渐干燥时(相对湿度的百分比减小),产生静电的能力的变化是确定且明显的。在相对湿度10%(很干燥的空气)时,人在地毯上行走,能产生35千伏的电荷,但在相对湿度为55%时将锐减至7.5千伏。

阿塔卡马沙漠

天气预报

TIANQI YUBAO

天气预报就是应用大气变化的规律，根据当前及近期的天气形势，对某地区未来一定时期内的天气状况进行预测。

天气预报的工具

　　天气预报的重要工具是天气图。天气图主要分地面天气图和高空天气图两种。天气图上密密麻麻地填满了各式各样的天气符号，这些符号都是将各地传来的气象电码翻译后填写的。每一种符号代表一种天气，所有符号都按统一规定的格式填写在各自的地理位置上。这样，就可以把广大地区在同一时间内观测到的气象要素如风、温度、湿度、阴、晴、雨、雪等统统填在一张天气图上，从而制成一张张代表不同时刻的天气图。有了这些天气图，预报人员就可以进一步分析加工，并将分析结果用不同颜色的线条和符号表示出来。

　　随着气象科学技术的发展，现在有些气象台已经在使用气象雷达、气象卫星及电子计算机等先进的探测工具和预报手段来提高天气预报的水平，并且收到了显著的效果。

气象卫星

卫星云图

天气预报的作用

天气预报的主要内容是一个地区或城市未来一段时期内的阴晴雨雪、最高最低气温、风向和风力及特殊的灾害性天气。气象台准确预报寒潮、台风、暴雨等自然灾害出现的位置和强度，就可以直接为工农业生产和群众生活服务。

卫星云图

知识小链接

天气预报的来历

1845 年 11 月，一场可怕的狂风巨浪使准备攻打俄国的英法联合舰队几乎全军覆没。法国气象学家勒维烈据此进行研究，发现世界各地的天气是互相影响的，他建议将各地的天气情况汇总后制成"天气图"，并对欧洲的天气情况做出预报，天气预报由此产生。

冷空气与暖空气

地球任何地方都在吸收太阳的热量，但是由于地面每个部位受热的不均匀性，空气的冷暖程度就不一样。于是，暖空气膨胀变轻后上升；冷空气冷却变重后下降，这样冷暖空气便产生对流，形成了风。风从中心高压区吹向四周的称为反气旋，相反，风从四周进入中心低压区的称为气旋。气压差越大，风速越大。

北半球：顺时针旋转的风从高压区吹出，然后逆时针进入低压区。

南半球：逆时针旋转的风从高压区吹出，然后顺时针进入低压区。

Part 4
第四章

动物世界

恐龙
KONGLONG

大约 2.3 亿年前，有一类爬行动物，大的长达几十米，小的不足 1 米，生活在陆地或沼泽附近，人们把这种动物称为恐龙。

对恐龙的认识

目前地球上已经没有恐龙存在了，人类对于恐龙的认识多半是从化石研究中得出的结论。虽然大部分的恐龙都生活在陆地上，但如果需要过河，恐龙一定会游过去，也就是说恐龙是会游泳的。别看很多恐龙长得庞大笨拙，其实它们奔跑速度极快，所以在那个时候，恐龙是动物界的绝对霸主。

恐龙的食性

恐龙分为肉食性恐龙和植食性恐龙。据统计，每 100 只恐龙中，除有三五只为肉食性恐龙外，其余全部为植食性恐龙。植食性恐龙能够吃到的植物受限于它们的身高，所以有些小型植食性恐龙为了吃到高处的植物叶子，会用后肢站立。肉食性恐龙以植食性恐龙和其他动物为食。

蜀龙

恐龙

恐龙灭绝的原因

大约 6500 万年前，一场空前的大劫难使恐龙等 75% 的生物物种从地球上永远消失了。

到底是一场什么样的灾难能够让这么多的生物种群在短时间内全部灭绝了呢？一直以来众说纷纭，没有一个定论，其中常见的解释有陨石碰撞说、造山运动说、气候变动说、海洋退潮说等。

在众多观点中，陨石碰撞说被广泛接受。据推测，约 6500 万年前，一颗巨大的陨石曾撞击地球，因撞击而产生的能量，相当于 100 万亿吨黄色炸药的能量。粉尘扩散至平流层，数月之内地球都是一片黑暗，在这期间，以恐龙为首的众多生物都因之而灭绝。

也有很多人认为气候变化带来的极寒导致了恐龙的灭绝

恐龙家族
KONGLONG JIAZU

自 从 1989 年南极洲发现恐龙化石后，全世界七大洲都已有了恐龙的遗迹。据估计，生活于地球上的恐龙很可能在 1000 种以上。

异特龙

异特龙身长 10—12 米，身高约为 5 米，体重达 3 吨左右，具有大型、强壮的后肢，前肢较小，但十分适合猎杀植食性恐龙。很多人认为它是地球上有史以来最强大的猎食动物。

恐爪龙

恐爪龙全长约 3 米，有着非常锋利的牙齿和坚固的下巴，性情凶暴，动作敏捷，奔跑迅速，具有极强的攻击性。

异特龙

恐爪龙

霸王龙

　　霸王龙是有记录以来，生活在地球上的最大型的肉食恐龙之一，长约有 15 米，体重 7 吨左右，嘴很大，有些牙齿长达 18 厘米，奔跑起来时速可达 40 千米以上。

霸王龙

鸭嘴龙

　　鸭嘴龙是植食性恐龙，它的体形庞大，身长 10 米左右，高 3 米左右，体重达数吨至数十吨。

鸭嘴龙

豪勇龙

　　豪勇龙体长 7 米左右，它生存的时代夜间寒冷、白天干热，它的"帆"大概可以帮助它保持体温的稳定。豪勇龙的拇指钉是最有用的武器，利如匕首。

豪勇龙

甲龙

　　甲龙身上长有厚厚的硬甲，体长为 5—6.5 米，宽约 1.5 米，高约 1.7 米，体重约为 2 吨，头顶有一对角，4 条腿与脖子都很短，脑袋则非常宽。

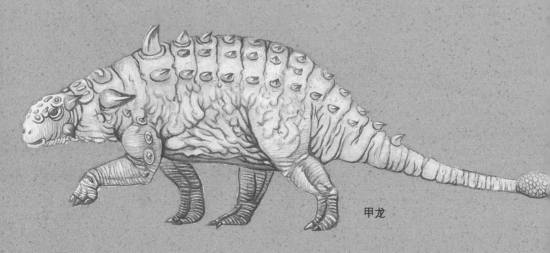

甲龙

无脊椎动物

WU JIZHUI DONGWU

无脊椎动物一般可以理解为是背侧没有脊柱的动物，它们是动物的原始形式。

身体特征

无脊椎动物一般都体形小，身体柔软，长有坚硬的外骨骼。它们主要靠外骨骼保护身体，但是却没有坚硬的能附着肌肉的内骨骼。它们体内没有调温系统，身体温度会随外界温度的变化而变化。

珊瑚
美丽的珊瑚长得像植物，其实珊瑚是无脊椎动物

分布

地球上无脊椎动物的出现至少比脊椎动物早1亿年，多数的无脊椎动物都是水生动物，也有一些生活在陆地上，还有一些寄生于其他动物、植物体表或体内。它们分布在世界各地，占现存动物的90%以上。

海星

海洋无脊椎动物

鹦鹉螺

分类

无脊椎动物一般包括原生动物、软体动物、节肢动物、海绵动物、腔肠动物、环节动物等。

海绵动物

　　海绵是最简单的无脊椎动物，它们是由一群无差别的细胞组成的。海绵体壁有内外两层，海水从它们身体经过时，海水中的微生物和氧气就会被吸收。海绵动物大多生存在浅海、深海中，少数附着于河流、池沼的底部。

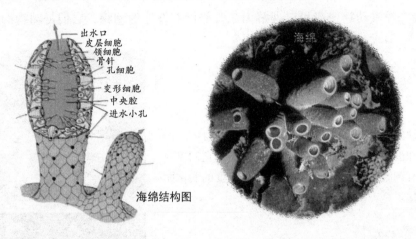

出水口
皮层细胞
领细胞
骨针
孔细胞
变形细胞
中央腔
进水小孔

海绵结构图

海绵

腔肠动物

　　腔肠动物约有 1 万种，全部水生，绝大部分生活在海水中，只有淡水水螅和桃花水母等少数种类生活在淡水里。水螅、水母、珊瑚虫、海葵是它们的代表种类。

扁形动物

　　扁形动物一般身体呈扁形，左右对称，多为雌雄同体。已记录的扁形动物约有 15000 种，生活于淡水、海水等潮湿处，一般分为涡虫纲、吸虫纲和绦虫纲。它们的消化系统与一般腔肠动物相似，通到体外的开孔既是口又是肛门。除了肠以外，它们没有广大的体腔。肠是由内脏层形成的盲管，营寄生生活的种类，消化系统趋于退化或完全消失。

扁形动物

软体动物

软体动物在无脊椎动物中是第二大门类，约75000种。有水生和陆生种类，但以水生种类最为丰富。由于生活习性不同，各类软体动物之间外形差别很大，但是它们的基本结构是相同的。

现有的软体动物可分为7个纲：单板纲、多板纲、无板纲、腹足纲、双壳纲、掘足纲、头足纲。由于种类繁多，所以软体动物的大小也不尽相同。

一些品种小到几乎无法直接用肉眼看到，而一些

乌贼

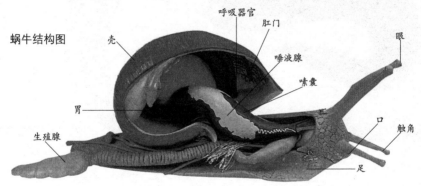

蜗牛结构图

呼吸器官　肛门　眼　唾液腺　嗉囊　口　触角　胃　生殖腺　足

大的鱿鱼竟长达15米。大部分软体动物生活在海洋里，有的也生活在淡水里和陆地上。有些陆地蜗牛也生活在高山和炎热的沙漠中。牡蛎、蛤、扇贝则生活在浅海。软体动物通常依附在地上潮湿的物体上，或者深深地藏在水下的烂泥和沙里。大部分软体动物行动缓慢，以植物为食，有的软体动物如鱿鱼，则喜好游泳，并以鱼类和其他海洋动物为猎物。

章鱼

环节动物

蚯蚓、沙蚕、水丝蚓、水蛭常作为环节动物的代表，它们由体节组成。体节是此类动物的特征，这也是无脊椎动物进化过程中的重要标志。

水蛭

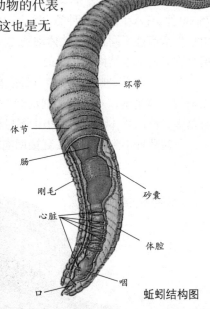

环带

体节

肠

刚毛

心脏

砂囊

体腔

咽

口

蚯蚓结构图

节肢动物

在无脊椎动物中，节肢动物是最重要而且种类最多的一种，它们的身体和腿由结构与机能各不相同的体节构成，常见的有虾、蟹、蜘蛛、蜈蚣及各类昆虫等。

螃蟹

鱼类
YU LEI

鱼类是最古老、最低等的脊椎动物，它们几乎栖居于地球上所有的水生环境中——从淡水的湖泊、河流到咸水的大海和大洋。世界上现存的鱼类有 2 万多种。

身体特征

鱼类终年生活在水中，用鳃呼吸，用鳍辅助身体平衡与运动。大多数的鱼都披有鳞片并长有侧线感觉器官，体温会随着外界温度的改变而改变。

分类

现存鱼类按其骨骼性质可以分为软骨鱼和硬骨鱼两类。

鲨鱼

鱼类

软骨鱼

软骨鱼是骨架由软骨而不是硬骨构成的鱼类。软骨鱼大约有 700 种，大部分都是生活在海水中的食肉动物。鲨鱼是软骨鱼的代表。

鳐是软骨鱼

鲢鱼是硬骨鱼

硬骨鱼

除软骨鱼外的所有鱼类都可以称为硬骨鱼，主要特征是鱼体骨架至少有一部分是由真正的骨头组成的骨骼。

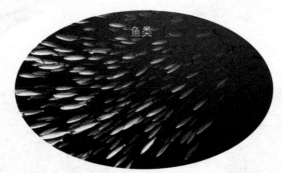

鱼类

硬骨鱼结构图

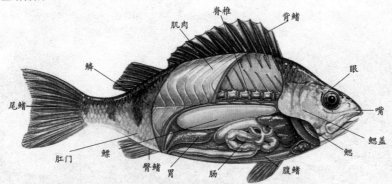

肌肉　脊椎　背鳍　眼　嘴　鳃盖　鳃　腹鳍　肠　胃　臀鳍　鳔　肛门　尾鳍　鳞

淡水鱼

DANSHUIYU

狭 义上说，一生只能生活在淡水中的鱼类，称为淡水鱼。广义上说，一生大部分时间生活在淡水中，偶尔生活或栖息于半淡咸水、海水中的鱼类，以及栖息于海水或半淡咸水，也会在淡水中生活，或进入半淡咸水中活动的鱼类，都被称为淡水鱼。世界上已知的淡水鱼约有8000种。

分布

基本上只要有淡水的地方，就有淡水鱼生活，上至温暖宜人的温泉，下至冻人心肺的南北极，都可找到淡水鱼的踪迹。

淡水鱼

淡水鱼的颜色

浅水中的淡水鱼通常背部为青、绿色，腹部为浅白色；深水中的淡水鱼体色较暗沉，常为深红或黑色。

食性

多数的淡水鱼都是植食性或杂食性鱼类，但也有少数的淡水鱼为肉食性鱼类。

淡水鱼

鲤鱼

鲤鱼是亚洲原产的温带性淡水鱼，背鳍的根部长，通常口边有须，但也有的没有须。口腔的深处有咽喉齿，用来磨碎食物。鲤鱼的种类很多，约有 2900 种。

金鱼

金鱼的体态轻盈，色彩艳丽，游起来姿态优雅，是著名的观赏鱼类。我国是金鱼的故乡，金鱼的祖先是鲫鱼。把鲫鱼逐步培养驯化成金鱼，经过了一个漫长的过程。金鱼有时会变色，这是受神经系统和内分泌系统控制的。当金鱼受伤、生病或水中缺氧、水质变差时，金鱼的体色就会变暗并且失去光泽；如果用强烈的灯光照射它们，一些金鱼体表还会显现出特别的斑纹。

鲤鱼

金鱼

泥鳅

泥鳅除了同其他鱼类一样用鳃呼吸以外，还能用肠子呼吸。当钻入泥中时，泥鳅就暂时把肠子作为呼吸器官，用来代替鳃进行呼吸。

泥鳅

咸水鱼
XIANSHUIYU

咸水鱼又称海水鱼，即生活在海水中的鱼，也可以说是除淡水鱼之外的鱼。咸水鱼是碘的良好来源。

● 海马

海马的模样十分特别，一般体长15—33厘米，有一个大大的马脑袋似的头，并且总是高高地仰起。它是整个鱼类中唯一只能立着游泳的鱼。海马吃小型的甲壳动物和其他在水里游动的小型动物。

带鱼

海马

鲅鱼是常见的海鲜

鲨鱼

鲨鱼是海洋的死亡使者，遍布世界各大洋，甚至在冷水海域中也能发现它们的影子。鲨鱼约有 8 目 30 科，350 种。其中有 20 多种肉食性鲨鱼会主动攻击人类。多数鲨鱼体形较大，相比之下，它们的胸鳍和尾鳍就显得较小，在游泳时不得不像蛇一样将身体左右摆动。这种身体构造使它们掉转方向的能力很差，它们想要倒退更是不可能。因此它们很容易陷入像刺网这样的障碍中，而且一陷入就难以自救，无法转身回游。鲨鱼从出生后就开始游动，不能随意停止，顶多可以稍作盘旋，否则便会窒息而死。

鲨鱼长有五六排牙齿，看起来十分吓人，但只有最外排的牙齿才真正能起作用，其余的牙齿都是备用的。一旦外层牙齿有脱落，里面最近一排的牙齿就会马上移动到前面来填补空缺。大牙齿还会随着鲨鱼的生长而不断地取代小牙齿。据统计，有的鲨鱼在 10 年内竟要换掉两万余颗牙齿，其换齿的数量和速度都令人惊叹。

须鲨

双髻鲨

大白鲨

哺乳动物

BURU DONGWU

目前地球上已知的动物种类大约有150万种，因为哺乳动物的体内有一条由许多脊椎骨相接而成的脊椎，所以我们说哺乳动物是脊椎动物的一种。

🪐 高级动物

哺乳动物具备了许多独有的特征，在进化过程中获得了极大的成功，它是动物发展史上最高级的阶段，也是与人类关系最密切的一个类群。

🪐 生育方式

大部分的哺乳动物都是胎生，并用乳腺哺育后代的，也有卵生的哺乳动物，如鸭嘴兽。

鸭嘴兽

🪐 身体特征

因为大多数哺乳动物的身体有毛覆盖着，所以它在环境温度发生变化时也能保持体温的相对稳定。哺乳动物的大脑比较发达，通过口腔咀嚼和消化，提高了对能量及营养的摄取。

哺乳动物的四肢一般都强壮灵敏，这就减少了它对外界环境的依赖，也因此扩大了分布范围。

肉食性哺乳动物
ROUSHIXING BURU DONGWU

哺乳动物中有一类动物主要吃肉类，我们称其为肉食性哺乳动物。肉食性哺乳动物也可以吃腐肉或吸血。在食物链中，肉食性哺乳动物的营养级较高。狮、虎是肉食性哺乳动物的代表，都被称为"动物之王"。

🌑 狮子

狮子是唯一的一种雌雄两态的猫科动物，雄性外形漂亮，威风凛凛，奔跑速度快，是地球上力量最强大的猫科动物之一，常群居。野生雄狮平均体长可达 2.5 米以上，重可达 300 千克，而母狮仅相当于雄狮的 2/3 左右大小，体重最多也只有 160 多千克。雌狮的头部较小，表面布满了短毛，而雄狮头颅硕大，上面长满了极其夸张的长鬃。

🌑 虎

虎生来就是出色的杀手。它毛色亮丽，尾如钢鞭，性情凶猛，力气超群，被人们称为"万兽之王"和"森林之王"。从北方寒冷的西伯利亚地区到南亚的热带丛林，都能见到其强壮、威武的身影。

虎

狞猫

　　狞猫长得很像家猫，但个头却比家猫大。狞猫有一个最显著的特点：黑耳朵又长又尖，并长着耸立的毛。

狞猫

豹

　　豹广泛分布于非洲和亚洲的广大地区。一般来说，豹各有领域并且独居。豹子的捕食本领很高，它奔跑起来快如闪电，还擅长爬树。

豹

红狐

狐

　　狐是犬科动物，是著名的中小型猛兽，俗称狐狸，但从分类学上讲，狸是猫科动物。狐以机智多谋著称于世

植食性哺乳动物
ZHISHIXING BURU DONGWU

植食性哺乳动物指的是主要吃植物，而不吃肉类的动物。植食性哺乳动物门齿发达，臼齿更发达，它们的盲肠也比其他食性动物的发达。植食性哺乳动物可以分为食果动物及食叶动物，前者主要吃果实，后者则主要吃叶子。而不少食果及食叶哺乳动物会同时吃植物的其他部分，例如根部和种子。一些植食性哺乳动物的饮食习惯会随季节而改变，尤其是温带地区，在不同时间会有不同的食物。有一部分植食性哺乳动物为单食性，如树袋熊仅食桉树的叶，但绝大多数植食性哺乳动物都是食用几种食物的。

🔍 塔尔羊

塔尔羊是一种十分珍稀的动物，在我国已列为国家一级保护动物，一般栖息于海拔 2500—3000 米的喜马拉雅山南坡，从不进入林带以上的地区。塔尔羊的外貌有点儿像山羊，不过公羊颔下没有须，吻部光秃无毛。

塔尔羊

斑马

鹿

鹿有很多种类，由于生活地区不同，鹿的体形大小、毛色，鹿角的形状都有很大的差异。鹿是典型的植食性动物，所吃食物包括草、树叶、嫩枝和幼树苗等。

长颈鹿的颈很长，头顶到地面的距离可达4.5—6.1米。它的嘴唇和舌头也能够伸得很长，这可以弥补它的颈部过长之不足。长颈鹿很少饮水，甚至几星期都可以滴水不进，其身体所需的水分常常是靠咀嚼针叶食物和草等来供应。

白唇鹿

长颈鹿

海洋哺乳动物

HAIYANG BURU DONGWU

哺乳动物中适于在海洋环境中栖息、活动的一类被称为海洋哺乳动物。除此以外，生活在河流和湖泊中的白鳍豚、江豚、贝加尔环斑海豹等，因其发展历史同海洋相关，也被列为海洋哺乳动物。因为海洋哺乳动物生活在海洋中，所以除了具有胎生、哺乳、体温恒定、用肺呼吸等哺乳动物的特点外，还具有独特的水生特征。

海豚

生物分类等级

世界上生物的种类复杂多样，各物种下包含很多分支，各分支又可以划分为很多类，以此类推，真是不可胜数。将生物简单地划分为动物、植物或者鸟兽虫鱼显然是笼统而错误的。

几代生物学家经研究分析，按从大到小的顺序将界、门、纲、目、科、属、种作为生物分类等级的标准。

身体特征

一般来说，海洋哺乳动物的体形都很大，部分生活在南北两极的海洋哺乳动物都有皮下脂肪或毛皮，其主要作用是保持体温，防止体热过多地散失，以适应较寒冷的生存环境。海洋哺乳动物繁殖较慢，哺乳期也较长，这主要是为了保证其后代的成活率。

背鳍朝后面长、起稳定器作用

鼻孔

前额隆起

海豚外部结构

宽大而弯曲的前鳍有利于控制方向

尾部两个水平的鳍可以产生巨大的推动力

杂食性哺乳动物

ZASHIXING BURU DONGWU

既吃动物也吃植物的摄食习惯，称为杂食性，摄食两种或两种以上性质不同的食物的动物称为杂食性动物。哺乳动物中的很多类别里都有杂食性动物。

杂食性哺乳动物相对来说并没有明显一致的结构特征，严格来说，它不能算作一个动物类别。杂食性哺乳动物最明显的特征就是这些动物能吃的食物种类较多，它们既吃植物，也吃动物。例如，一些生活在南方的熊，就是以素食为主的杂食性哺乳动物，其食物主要是水果、植物根茎等，同时也吃一些腐肉、鱼和小的哺乳动物等。

浣熊

浣熊个儿较小，一般只有7—14千克重。全身灰、白等色的毛相互混杂在一起。浣熊一般吃果实、软体动物、鱼类等。浣熊特别讲卫生。吃东西前，总是要先把食物在水中清洗一下，这种"清洗食物"的好习惯值得我们学习。浣熊的爪子很厉害，可以捕食淡水中的虾、鱼等水生动物。

浣熊

棕熊

河狸

河狸身体肥硕，臀部滚圆，身上有细密、光亮的皮毛，是一种非常珍稀的动物。它的皮毛十分珍贵。由于人们疯狂猎杀，野生河狸濒临灭绝。

河狸是啮齿动物，长得很像老鼠。但是它的体形要比老鼠大得多。河狸的五官都很小巧，脖子很短，但是却长着一个圆滚滚的身体，看起来十分可爱。河狸的前肢短而宽，后肢较为粗大，由于是水陆两栖动物，所以河狸的后肢脚趾之间长着能够划水的蹼。

河狸

山魈

山魈

山魈是一种珍贵、凶猛的大型猴类。它们的牙齿又长又尖，眼睛下面有个鲜红的鼻子，鼻子两边的皮肤有褶皱，蓝中透紫。它们主要吃枝叶、果子与鸟、蛙等，有时也会吃更大的脊椎动物。

鲸目
JING MU

鲸目动物包含大约 80 种生活在海洋和河流中的有胎盘的哺乳动物。

白鲸

脂肪的作用

鲸目动物是完全水栖的哺乳动物，外形看起来和鱼很相似，身体长度一般在 1—30 米之间，皮肤裸露，仅吻部有很少的毛，皮下有厚厚的脂肪。这些脂肪有助于保持体温，当它们在水中活动时，这些脂肪能减少身体比重，有利于游泳。

四肢退化

它们没有汗腺和皮脂腺，后肢已经完全退化，前肢像鱼鳍一样，尾末皮肤左右扩展而成水平的尾鳍，部分种类具有背鳍，尾鳍是鲸目动物的游泳器官。

视力差，听力好

鲸目动物一般都视力较差，因为它们的眼睛比较小，没有耳郭，但它们听觉灵敏。有的鲸目动物觅食和避敌依靠回声定位。

独角鲸

鲸鱼脊

食物来源

　　一般的鲸目动物都以软体动物、鱼类和浮游动物为食，有的种类也能捕食海豹、海狗等。

灰鲸

小鳁鲸

齿鲸和须鲸

　　齿鲸有一个鼻孔，利用尖利的牙齿捕捉猎物，然后吞食。著名的齿鲸有抹香鲸、独角鲸和海豚等。

　　须鲸有两个外鼻孔，口中没有牙齿，只有像梳子一样的须，所以称为须鲸。须鲸连海水与猎物一起吞食，然后用须过滤海水。须鲸性情较温和，典型的有蓝鲸、座头鲸、灰鲸等。

鳍足目
QIZU MU

鳍足目动物大都是水栖、半水栖的大型肉食性动物。主要种类有海豹、海狮、海狗、海象等。

身体特征

鳍足目动物的身体一般是纺锤形的，体长，有密密的短毛，头圆，脖子短。四肢具有五趾，趾间被肥厚的蹼膜连成鱼鳍状，适于游泳，故称"鳍足目"。

习性

大多数鳍足目动物一生大部分时间都生活在水中，只在交配、产崽和换毛时期才到陆地或冰块上去。它们也是用肥厚的皮下脂肪保持体温的。鳍足目动物的耳郭很小，有一些甚至根本没有耳郭。但是它们的听觉、视觉和嗅觉都很灵敏。因为它们的鼻子和耳孔里有可以活动的瓣状膜，这些膜能在潜水时关闭鼻孔和外耳道，因此它们的潜水时间可持续5—20分钟。鳍足目动物的嘴通常较大，多数时候都是不加咀嚼地整吞食物，一般吃鱼类、贝类和一些软体动物。

海狗

海豹

海狗

海狗是生活在海洋里的四脚哺乳动物，因其体形像狗又像熊，所以被称为海狗或海熊。其实，海狗与海狮有着亲缘关系，属于海狮科动物。

海狮和海豹

海狮和海豹很相似,但也容易区分。在陆地上,海狮的后肢能够向前翻,从而利用它们前面的鳍摇摇摆摆地走动。然而海豹的后肢太短,在陆地上派不上用场,因此,海豹在陆地上只能弓着身体往前走。另外,海狮有小指头般的外耳,而海豹则没有。

海狮

海象

海象

海象是北极地区的大型海兽。它们无论雌雄都长着一对长长的獠牙,从两边嘴角垂直伸出。海象是出了名的瞌睡大王,一上岸就常常倒下身体酣然入睡。

海牛目
HAINIU MU

海牛目是海洋哺乳动物中特殊的一类，多以海草和其他水生植物为食。它们的大脑不是特别发达，行动缓慢，喜欢群居。

🪐 身体特征

一般海牛目动物的体长在 2.5—4 米之间，体重 360 千克左右，没有后肢，前肢为桨状鳍肢，没有背鳍，但是有宽大扁平的尾鳍。它们的体形多呈纺锤形，看起来有点儿像小鲸，虽没有鲸类的厚鲸脂，但是体内也有许多脂肪，它们靠这些脂肪保持体温。与鲸不同的是，海牛目动物长有短颈，因此它们的头虽然又圆又大，但是却能灵活地转动。

海牛

🪐 视力不佳，听力好

海牛目动物的眼睛一般都较小，因此视力不佳；但是听觉很好，鼻孔多长在吻部的上方，有膜，潜水时能封住鼻孔；适于在水面呼吸。

🪐 海牛和儒艮

海牛和儒艮是海生植食性哺乳动物，它们的共同特点是可以毫不费力地下沉或停留在水中。海牛外形与儒艮相似，两者不同之处是：海牛的尾巴呈扇形，而儒艮的尾巴是扁平分叉的。

儒艮就是传说中的美人鱼。

爬行动物
PAXING DONGWU

爬行动物是统治陆地时间最长的动物，它们真正摆脱了对水的依赖，成为第一批征服陆地并能适应各种不同的陆地生活环境的脊椎动物。

习性

爬行动物的体温是变化的，它们用肺呼吸，卵生或卵胎生。大多数的爬行动物都皮肤干燥，皮上有鳞或甲，可以增加皮层硬度，但是缺乏皮肤腺。

分布

因为爬行动物摆脱了对水的依赖，因此它们的分布受湿度影响较小，更多的是受温度影响。现存的爬行动物大多数分布于热带、亚热带地区，温带和寒带地区则很少分布，只有少数种类可到达北极圈附近或高山上。

鳄鱼

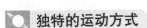

蛇

🌏 独特的运动方式

既然被称为"爬行动物"，当然是要爬着前进喽！通常爬行动物的四肢都会向外侧延伸，它们就以这种姿势慢慢地向前前行，鳄鱼就是这样走路的。有的种类没有四肢，就用腹部着地，匍匐着向前行进，蛇就是如此。

乌龟

🌏 无法控制的体温

爬行动物控制体温的能力比较弱，体温会随着外界温度的变化而改变，在寒冷的冬季，它们的体温会降至0℃或0℃以下，如果不冬眠就很容易被冻死；相反，在炎热的夏季，它们的体温又会升高至30℃或30℃以上。还有的种类需要夏眠，否则生命便会受到威胁。独特的身体特点让它们养成了冬眠和夏眠的特殊习惯。

🌏 主要类别

爬行动物主要分为鳄类、龟鳖类、鳞龙类。鳄类是一种水陆两栖的爬行动物，鳄鱼是鳄类的统称。龟鳖类是典型的长寿动物，也是现存的最古老的爬行动物，它们身上长有非常坚固的甲壳。鳞龙类是爬行动物中种类最多的一类，通常分为有鳞类和喙头类。蛇、蜥蜴属于有鳞类；喙头类的外形像蜥蜴，但有第三只眼睛——顶眼。喙头类动物已基本灭绝，当今世界唯一存活的该类物种是楔齿蜥。

蜥蜴

鳄类
E LEI

鳄 类是一种水陆两栖的爬行动物。

外形特征

它们看起来很笨重，一般体形较大，身体表面覆有坚硬的、像盾甲一样的皮。头扁平，头部皮肤紧贴头骨，颅骨连接坚固，不能活动；牙齿呈锥形，长在牙槽中，每侧长有 25 枚以上的牙齿。舌头短而平扁，不能外伸。眼睛小而微突。鳄类的吻部都较长，其形状与比例有很大的变化，鼻孔在吻端背面，鳄在水下活动时将鼻孔露于水上呼吸。它们四肢粗短，有爪，趾间有蹼，尾巴粗壮略呈扁形，是游泳与袭击猎物或敌害的武器。

习性

大多数鳄类都分布在热带、亚热带的大河与内地湖泊。鳄类为夜出性食肉动物，大部分时间生活在水中，也能在陆上爬行很长时间。长型鳄能吃人，但次数极少。

湾鳄

湾鳄是鳄类中唯一能生活在海水中的种类。它广布于东南亚、新几内亚、菲律宾及澳大利亚北部的热带、亚热带地区，栖息在沿海港湾及直通外海的江河湖沼中，所以又称咸水鳄。湾鳄身躯巨大，长 5—6 米，1 吨多重，并往往能活到 100 岁。

湾鳄

🔍 扬子鳄

扬子鳄生活在我国江苏、安徽、浙江、江西等江河流域的沼泽地区，以鱼、虾、蚌、蛙、小鸟及鼠类为食。它还有一种吞食石块的习性，为了寻找石块，它们往往要跑很远很远的路程。扬子鳄十分珍稀，现存数量已很少。

扬子鳄喜欢栖息在湖泊、沼泽的滩地或丘陵山涧中长满乱草的潮湿地带。它们具有高超的打穴本领，头、尾和锐利的趾爪都是它们的打穴工具。俗话说"狡兔三窟"，而扬子鳄的洞穴不止3个。

鳄鱼

龟鳖类
GUIBIE LEI

龟 鳖类是典型的长寿动物，也是现存的最古老的爬行动物。目前龟鳖类被人类大量捕食，有灭绝的危险。

习性

龟鳖类可以在陆上生活，也能在水中生活。不同种类的龟鳖生活习惯和所食物各不相同。有一些温带地区的龟鳖类动物在冬季会冬眠，而热带地区的龟鳖类动物在炎热时期则会夏眠。

海龟

身体特征

龟鳖类动物身上长有非常坚固的甲壳。当遇到袭击或惊吓时，它们会迅速把头颈和四肢缩回壳内。龟鳖类动物的头顶平滑，头两侧长有微突的圆眼，头顶唇段覆有多角形细鳞；舌头短阔柔软，黏附在口腔底，不能外伸。它们的四肢短粗，四肢上面覆盖着角质鳞，每个前肢、后肢的趾各5枚，趾小而多有爪。海生种类的龟鳖类动物四肢鳍状如桨，指、趾较长，但爪数较少，尾巴短小。

淡水龟

淡水龟体形较小，头部前端光滑，头后散有小鳞，背甲上有3条显著的纵棱。它们往往栖息于河川、湖泊、水田等处，例如甲鱼和巴西彩龟。

淡水龟

甲鱼

甲鱼是一种爬行动物，学名鳖，适宜在17℃—32℃的水中生活，在水温低于15℃的秋后进入冬眠，属变温动物，适宜人工养殖。

甲鱼

巴西彩龟

巴西彩龟又名红耳水龟、七彩龟、翠龟，是龟类中的优良品种，原产于美洲，具有很高的食疗、药用、观赏价值。

巴西彩龟

两栖动物

LIANGQI DONGWU

两栖动物是从水生过渡到陆生的脊椎动物，它们具有水生脊椎动物与陆生脊椎动物的双重特性。世界上已知的两栖动物有 4000 余种。

身体特征

两栖动物通常不长鳞片、皮肤裸露，能分泌黏液，有辅助呼吸的作用。它们体温不恒定，身体温度会随环境变化而变化，对潮湿、温暖环境的依赖性强，大部分有可以行走的四肢。

习性

大部分两栖动物都在水中繁殖，幼体也生活在水中，用鳃呼吸，成年后则大多生活在陆地上，一般用肺呼吸。两栖动物大多昼伏夜出，酷热或严寒时以夏蛰或冬眠的方式度过。它们以动物性食物为主，没有防御敌害的能力，鱼、蛇、鸟都是它们的天敌。

美丽的蛙

鸟类
NIAO LEI

鸟类是一种全身披有羽毛、体温恒定、适应飞翔生活的卵生脊椎动物。目前世界上已知的鸟的种类有 9000 多种。

身体特征

鸟类具有发达的神经系统和感官，它们的体形大小不一，大多数的鸟类体表都被羽毛覆盖着，身体多呈流线型，前肢演化成翅膀，后肢有鳞状的外皮，足上具有四趾，有飞翔的能力。它们的眼睛长在头的两侧，长有坚硬的角质喙，颈部灵活，骨骼薄且多孔，呈中空状，体内有气囊，可以帮助肺进行双重呼吸。

鸟妈妈给幼鸟喂食

习性

大多数鸟类都是白天活动，也有少数鸟类在夜间或者黄昏活动，它们的食物多种多样，包括花蜜、种子、昆虫、鱼、腐肉等。

始祖鸟
SHIZUNIAO

始祖鸟是至今发现的最早、最原始的鸟，生活于 1.55 亿—1.5 亿年前。始祖鸟与恐爪龙为姊妹类群，同为近鸟类。目前，世界上发现了约 10 例始祖鸟的化石，大多在德国境内。

🔍 身体特征

始祖鸟体形大小如鸦，有着阔及于末端的翅膀，尾巴很长。始祖鸟的羽毛与现今鸟类羽毛在结构上相似。不过始祖鸟嘴里有细小的牙齿，并且不太会飞行。

始祖鸟

齿喙
（爬行动物特点）

翼爪
（爬行动物特点）

带有廓羽的翼面
（鸟类特点）

长着多节尾椎骨的长尾
（爬行动物特点）

始祖鸟外部结构

昆虫
KUNCHONG

人们通常将那些身体分为头、胸、腹三部分，长有两对或一对翅膀和三对足，且翅和足都位于胸部，身体一节一节的节肢动物称为昆虫。

🌑 身体特征

昆虫属于无脊椎动物，通常头上生有一对触角，体内没有骨骼支撑，外面有壳将其包裹。昆虫有惊人的适应能力，因此分布范围极广，在全球的生态圈中扮演着重要角色。

🌑 分类

昆虫的分类很多，主要有直翅目、同翅目、鞘翅目、鳞翅目、双翅目、膜翅目等。

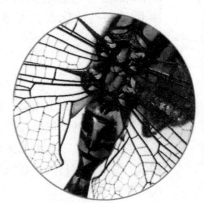

蜻蜓翅膀脉络特写

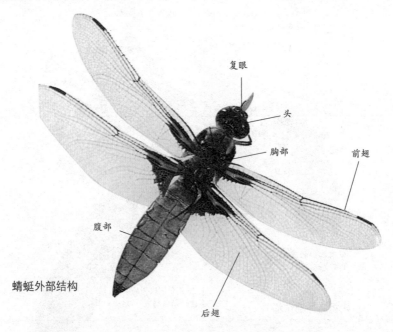

复眼

头

胸部

前翅

腹部

后翅

蜻蜓外部结构

🪐 翅翼动力

　　蜻蜓长有强壮的肌肉，能控制住翅翼的底部。飞行时，翅翼看上去就像在不断变动着的"X"形。

蜻蜓

蜻蜓

螳螂

141

Part 5

第五章

植物王国

菌类
JUN LEI

菌类是个庞大的家族，它们无处不在。现在，已知的菌类大约有 10 多万种。

🔍 菌类的特征

菌类结构简单，不能自制养料，必须从其他生物或生物遗体、生物排泄物中摄取养分。

蘑菇多呈伞状，常在腐烂的枝叶、草地上生长，颜色、形态各异，是一类大型高等真菌，有的可食用，有的带剧毒。

🔍 环境"清洁工"

自然界中每天都有数不清的生物在死亡，有无数的枯枝落叶和大量的动物排泄物等等。菌类最大的本领就是把已死亡的复杂有机体分解为简单的有机分子，在这个清除大自然"垃圾"的过程中会产生二氧化碳、水和多种无机盐，这些可重新为植物所利用，从而保持自然界的物质循环。

马勃

马勃幼时内外呈纯白色，成熟后自动爆裂，冒出的烟雾会使人鼻涕、眼泪一起流，因此号称"天然催泪弹"。

藻类
ZAO LEI

藻类是低等植物的一个大类，大约有 2.5 万种。它们的个体大小悬殊，小的只有几微米，必须在显微镜下才能看到；体形较大的肉眼可见，体长可达 60 米。

氧气制造者

藻类细胞中有叶绿素，能进行光合作用，自制养分。海洋藻类是海洋食物链的初级物质，藻类光合作用产生的氧气是大气和海洋中氧气的重要来源之一。

海洋藻类

强大的生存能力

藻类的分布范围极广，对环境条件要求不高，适应性较强，在极低的营养浓度、极微弱的光照强度和相当低的温度下也能存活。藻类不仅能生长在江河、溪流、湖泊和海洋，而且能生长在短暂积水或潮湿的地方。从热带到两极，从积雪的高山到温热的泉水，从潮湿的地面到不是很深的土壤内，几乎到处都有藻类分布，甚至在潮湿的树皮、叶片、地表及房顶、墙壁上也有它们的踪迹。

藻类

藻类的作用

有些藻类植物可以直接供人们食用，例如海带、紫菜、石花菜等；有些是重要的工业原料，从中可以提取藻胶等物质。可以预料，藻类在解决人类目前普遍存在的粮食缺乏、能源危机和环境污染等问题中，将发挥重要作用。

苔藓
▬▬ TAIXIAN

苔藓是一种小型的绿色植物，凭借自己柔弱、矮小的身躯，第一个从水中到达陆地上。全世界约有 23000 种苔藓植物。

形态特征

苔藓一般仅几厘米高，大的可达 30 厘米或更高些。苔藓大多有茎和叶，少量为叶状体。它们没有真正的根，只有由单细胞或多细胞构成的假根，起吸水和附着的作用。

生长习性

苔藓不适宜在阴暗处生长，它需要一定的散射光线或半阴环境，最主要的是它喜欢潮湿环境，特别不耐干旱及干燥。所以，它们大量生长在阴湿的石面、表土和树皮上，以及墙头、屋顶和院落中。

分布情况

苔藓植物分布范围极广，可以生存在热带、温带及寒冷的地区（如南极洲和格陵兰岛）。终年寒冷，地表只生长苔藓、地衣等的地区被称为苔原。

苔藓

蕨类

JUE LEI

蕨类是比苔藓植物高一级的植物，它是历史最为悠久、最早的陆生植物，靠孢子繁衍后代。早期蕨类植物高达 20—30 米。

🌀 形态特征

蕨类植物的根通常为须根状；茎大多为根状茎，匍匐生长或横走，少数直立；叶多从根状茎上长出，幼时大多呈卷曲状。

🌀 分布范围

蕨类植物多生长在山野树林中，亦有生长在高海拔的山区、干燥的沙漠岩地、水里或原野等的物种，它们的生命力极为顽强，遍布于全世界温带和热带地区。

蕨类

蕨类

种子植物

ZHONGZI ZHIWU

人们通常把由种子发育成的，并且能够开花结出种子的绿色植物叫种子植物。

分类

种子植物是植物界最高等的类群。地球上现存的种子植物大概有 20 万种，现有的种子植物分为被子植物和裸子植物两大类。

被子植物

种子被包裹在果皮中的种子植物就是被子植物。被子植物具有根、茎、叶、果实、种子的分化，适应性极强，在高山、沙漠、盐碱地，以及水里都能生长，是植物界中最大的类群。绝大多数的被子植物都能够进行光合作用，制造有机物。

芋头

葡萄

黄枝油杉

罗汉松

苏铁的雄球花

🌐 裸子植物

　　有一些种子植物的胚珠没有被包裹，不形成果实，种子是裸露的，因此被称为裸子植物。可以简单理解为，种子外面没有果皮保护的种子植物就是裸子植物。裸子植物是原始的种子植物，属于种子植物中较低级的一类。裸子植物很多为重要林木，尤其在北半球，大的森林中80%以上是裸子植物，常见的裸子植物有松树、杉树、铁树等。

　　中国裸子植物的种类约占全世界的1/3，所以中国素有"裸子植物故乡"的美称。

种子植物的器官

根、茎、叶、花、果实、种子被称为种子植物的6大器官。

根通常位于地表下面，负责吸收土壤里面的水分及溶解在水中的离子，有的还能贮藏养料。

茎属于植物体的中轴部分。上面生长叶、花和果实，具有输导和贮存营养物质及水分的功能。

叶是由茎顶端进一步生长和分化形成的，一般由叶片、叶柄和托叶3个部分组成，是植物进行光合作用的主要组织。

花是被子植物的生殖器官，主要由花托、花萼、花瓣、花蕊几个部分组成。

果实是被子植物的花经传粉、受精后形成的具有果皮及种子的器官。

种子一般由种皮、胚和胚乳3个部分组成，在一定条件下能萌发成新的植物体。

叶子的形态

土豆

土豆的茎呈块状，里边储藏着大量的淀粉，因此这种茎又称储藏茎。

小麦根系

151

落叶乔木

LUOYE QIAOMU

有一些生长在温带的乔木，每年秋冬季节或干旱季节时，因为日照变少导致树木内部生长素减少，所以叶子会全部脱落，人们把这种乔木称为落叶乔木。

习性的形成

落叶是植物减少蒸腾、度过寒冷或干旱季节的一种适应反应，这一习性是植物在长期进化过程中形成的。

典型代表

银杏、水杉、枫树等都是落叶乔木的典型代表。其中银杏是国家一级保护植物，它具有肉质外种皮的种子，颇似杏果，成熟时外面还披有一层白粉，因此被称为"银杏"。

银杏叶

常绿乔木
CHANGLV QIAOMU

终年长有绿叶的乔木就是常绿乔木。

常绿的原因

常绿乔木叶子的寿命一般是两三年或者更长，并且每年都有新叶长出，在新叶长出的时候也有部分旧叶脱落。由于是陆续更新，所以一年四季都能保持绿色。

绿化首选

这种乔木由于常年保持绿色，其美化和观赏价值很高，因此常被用作绿化的首选植物。

马尾松

银杉

常见的种类

椰子树、马尾松、柏树等都是比较常见的常绿乔木。

椰子树的顶端长着大而宽阔的羽毛状叶子，树上挂着许多足球般大小的棕色果实。成熟的果实外有一层很厚、很硬的外壳，里面有清香甘甜的椰汁。

榕树分布在热带和亚热带地区，树冠大得令人惊叹。它寿命长、生长快，侧枝和侧根都非常发达，常常是一棵榕树就能形成一片"森林"。

杉树珍稀古老，被称为"活化石"。它生长快、产量高、材质好、用途广，被称为"万能之木"。

青冈栎为亚热带树种，是我国分布最广的树种之一。因为它的叶子会随天气的变化而变色，所以人们称它为"气象树"。

椰子

椰子树

广东新会的大榕树

农作物

NONGZUOWU

指农业上栽培的各种植物，包括粮食作物、经济作物等，可食用的农作物是人类基本的食物来源之一。

稻田

麦子

粮食作物

指以收获成熟果实为目的，经去壳、碾磨等加工程序而成为人类基本粮食的一类作物。主要分为谷类作物（包括水稻、小麦、大麦、燕麦、玉米、谷子、高粱等）、薯类作物（包括甘薯、马铃薯、木薯等）、豆类作物（包括大豆、蚕豆、豌豆、绿豆、小豆等）。其中小麦、水稻和玉米三种作物占世界上食物的一半以上。

经济作物

经济作物又称技术作物、工业原料作物，指具有某种特定经济用途的农作物。经济作物通常具有地域性强、经济价值高、技术要求高、商品率高等特点，对自然条件要求较严格，宜集中进行专门化生产。经济作物的种类很多，主要包括棉花、烟草、甘蔗等。

棉花

水果

水果是对部分可以食用的含水分较多的植物果实的统称。水果一般多汁且有甜味，不但含有丰富的营养，而且能够帮助消化。水果还有降血压、减缓衰老、减肥、保养皮肤、明目、抗癌、降低胆固醇等保健作用。

苹果　　　樱桃

蔬菜

蔬菜是指可以做菜吃的草本植物，也包括一些木本植物的茎、叶以及菌类。主要有萝卜、白菜、芹菜、韭菜、蒜、葱、菜瓜、菊芋、刀豆、芫荽、莴笋、黄花菜、辣椒、黄瓜、西红柿、香菜等。

蔬菜的营养物质主要有蛋白质、矿物质、维生素等，这些物质的含量越高，蔬菜的营养价值越高。此外，蔬菜中的水分和膳食纤维的含量也是重要的营养品质指标。通常，水分含量高、膳食纤维少的蔬菜鲜嫩度较好，其食用价值也较高。从保健的角度来看，膳食纤维也是一种必不可少的营养素。

草
CAO

草本是一类植物的总称，但并非植物学科分类中的一个单元，与草本植物相对应的概念是木本植物。人们通常将草本植物称作"草"，将木本植物称为"树"，但是也有例外，比如竹就属于草本植物，但人们经常将其看作树。

草的根

一般来说，草的根是纤维性的，它们如同手指一样朝泥土里扩展，吸收营养，吸收水分，稳固生长在土地里。

草的分类

按照生命周期长短，草可分为一年生草本植物、两年生草本植物和多年生草本植物。

一年生草本植物是指从发芽、生长、开花、结实至枯萎死亡，只有1年时间，如葫芦。

两年生草本植物大多是秋季作物，一般是第一年的秋季长营养器官，到第二年春季开花、结实，如冬小麦。

多年生草本植物的寿命比较长，一般为两年以上，如菊花。

草的根